圖解貓咪健康與疾病

●監修 武內尤加莉
（東京大學研究所農學生命科學研究學系獸醫動物行動學研究室助教授）
●審訂 朱建光
●翻譯 張慧華

審訂者序

在獸醫臨床診治裡，通常問診不是問病患，因為生病的小貓咪們是不會說話的，反而是問飼主，因此在問診上，飼主的回答就會對疾病診斷有很大的幫助。

尤其獸醫師面對心急如焚的飼主，而回答卻是一問三不知，很容易造成診斷上的困難，身為貓咪的主人，平時也需要做功課，了解自己心愛的寵物，在日常生活中會有哪些狀況發生，萬一貓咪有奇怪的舉動出現時，千萬別心急，可以依照本書內容對照基本的症狀，大略知道有可能會是哪些毛病以及後續處理的程序，而面對獸醫師時，也可以有條理的回答。

這本書對於國內養貓的飼主們是很好的工具書，而對於想進入獸醫行業的學生，或是已經是獸醫的新鮮人，這本書也是貓常見疾病症狀診斷的入門書，希望大家能多加利用。

獸醫師　朱建光

前言

常聽人說，獸醫與小兒科醫生非常類似，因爲他們診治的對象，都無法正確地傳達自己的症狀。但是最令獸醫感到棘手的，並不僅只有上述的原因，就是動物在生病的時候，會用盡各種辦法將疾病的症狀隱藏起來的這種本能。就野生的動物來說，如果將自己的弱點暴露出來的話，就代表自己會成爲獵食者的目標。因此獸醫必須從動物努力僞裝自己弱點的模樣，來診斷牠所罹患的疾病，並且加以治療。在這種情況下，身爲飼主就必須要正確地將動物的症狀傳達給醫生。

如果當你的貓咪出現奇怪的症狀時，不妨拿出這本書來，遵循確認要點的指示，詳加觀察當中的變化。如果症狀繼續加重的話，請按照確認要點所提的問題，逐一記錄在紙上，再將愛貓帶往獸醫診所接受診療。如此一來，獸醫必定能夠立即掌握貓的情況，並且決定處理的方式。

筆者也與各位讀者一樣，在家中飼養了活潑可愛的狗及貓。而這本書的內容，則是筆者發現當所飼養的狗及貓出現奇怪的舉止時，應該做怎麼樣的描述，才能正確地將症狀傳達給經驗豐富的醫生。如果家中的愛貓能夠不生病，那當然是最好，然而如果能夠儘早察覺到愛貓出現異常的情況，就能夠早期發現疾病，進而保持健康，希望本書能夠對大家有所幫助。

武內尤加莉

圖解貓咪健康與疾病

目次

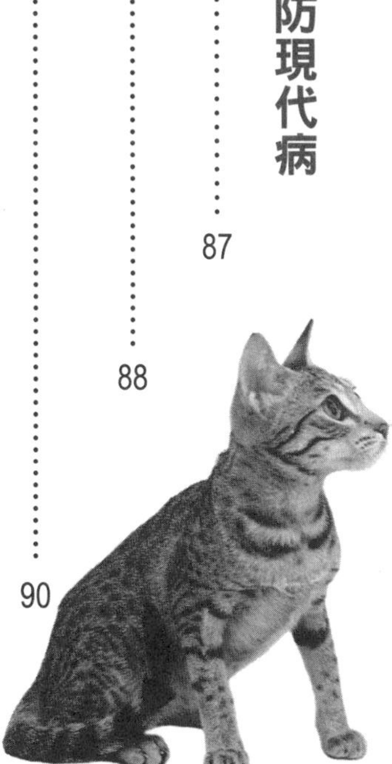

【第7章】疾病的認識與治療

第1章

可由症狀加以分辨的疾病

如果有這樣的舉動出現，就要注意

呼吸急促

呼吸時如果有急促的喘鳴，就要特別注意。情況嚴重的話，會有持續咳嗽、腹部上下移動的情況發生。此時要馬上移到通風良好的場所，接著再與獸醫師聯絡。

可能的疾病

◎感染症
病毒性呼吸道症候群、貓傳染性腹膜炎、弓漿蟲症等

◎呼吸器官的疾病
鼻炎、鼻竇炎、咽喉炎、支氣管炎、肺炎、氣胸、膿胸、橫隔膜疝氣等

◎因骨折、外傷造成內臟破裂

◎腫瘤
乳癌、淋巴腫瘤等

◎心臟的疾病
心肌症、先天性心臟病等

◎肥胖

正常的呼吸

呼吸正常的時候，胸部跟腹部會以相同的大小上下移動。可以自由變換各種不同的姿勢，躺下來也不成問題。

腹部鼓脹得比胸部更大就是危險的訊號

呼吸痛苦的時候，就會張開兩隻前足以擴張胸部，或是以站立的姿勢將頭往前伸、張開嘴巴、激烈而急促地呼吸著。此時由於胸部受到壓迫，即使想躺下也無法如願。此外，如果呼吸困難的情況嚴重的話，會因為想要用腹部呼吸，使得腹部鼓脹得比胸部更大。

先觀察這幾點再去找獸醫師

CHECK! 何時開始感到痛苦？

CHECK! 痛苦的情況到什麼程度？

CHECK! 呼吸急促的情況有任何變化嗎？

如果一直處於呼吸急促的狀態時，就要趕快帶到獸醫院接受檢查。從準備到帶出門的這段期間，請將貓移到通風良好的房間，接下來就不要再任意移動。切記不可勉強使其躺下。此外，要帶往獸醫院的時候，請將其置於較大的箱子中，以維持安定。

貓的身體構造，是可以忍受少量缺氧的情況。雖然在運動後或氣溫較高的時候，也會伸出舌頭急促地喘息，但是平常時候的呼吸都是安靜無聲的。

如果在既沒有運動、氣溫也不是很高的時候，卻發生呼吸急促的現象，很有可能是肺部之類的呼吸器官功能惡化得相當嚴重。特別是當貓張開嘴巴，很痛苦地呼吸著，或是幾乎不用胸部，只用腹部來呼吸的話，就要特別注意了。此時如果不儘快將貓帶給獸醫師檢查，可能會有呼吸停止、難以挽救的危險發生。

疾病方面，有可能是膿胸（膿蓄積在胸腔當中）、胸腔積水或者是惡性腫瘤。切記不論是何種疾病，都必須要由獸醫師進行診斷與治療。

除了呼吸困難之外，是不是還有這樣的症狀？

流口水

有沒有類似吃過藥物等等的症狀？如果是中毒的話，會出現流口水，或是腳步蹣跚的現象。

母貓的胸前有腫塊

有可能得到乳癌，好發於高齡且未接受結紮手術的母貓。

嘔吐

如果感染了貓心絲蟲症，就會有乾咳、脈搏速度變快，或是突然嘔吐的情況。此外，藥物中毒也會嘔吐。

咳嗽

有可能是罹患了支氣管炎或肺炎等呼吸器官的疾病、心臟的疾病、感染症、寄生蟲病、癌症等等。

受傷

可能是肋骨或胸骨骨折，或是內臟受到傷害。

發燒、全身無力

是否曾經被關在密閉且悶熱的空間？如果是的話，就有可能是熱到中暑。此外，如果罹患感染症的話，還會伴隨有發燒的症狀。

讓人有肥胖、不想運動的感覺

如果過度肥胖的話，就會有呼吸急促的情況發生。

尿不出來

貓是容易罹患腎臟及尿路疾病的動物。特別是公貓，因為尿道前端較細，所以容易發生尿路阻塞的情況。如果完全沒有辦法排尿的話，大約在二天之內就會死亡。如果懷疑可能沒有排尿，就要趕快帶去獸醫院檢查。

可能的疾病

◎泌尿器官的疾病
下泌尿道症候群、尿毒症、膀胱炎等
◎尿路上皮細胞異常
◎洋蔥中毒
◎膀胱腫瘤

如果頻繁地跑到便盆內用力就要特別注意

如果公貓頻繁地前往便盆擺出排尿的姿勢，卻始終無法排尿；或是在便盆以外的場所狀似痛苦地排尿，就有可能是罹患了泌尿器官的疾病。

先觀察這幾點再去找獸醫師

- CHECK! 是公貓嗎？
- CHECK! 是否有反覆嘔吐的情況？
- CHECK! 是否因想排尿而用力？
- CHECK! 陰莖前端是否沾有血跡？
- CHECK! 尿液是否為紅色？
- CHECK! 是否頻繁地舔著生殖器官？
- CHECK! 是否有嘔吐或腹瀉的情況？

在短時間內數度跑到便盆裡，卻只排出幾滴的尿，甚至完全無法尿出來；也可能出現一邊發出痛苦的聲音，一邊排尿的情況，這時候有可能是罹患了尿道結石或膀胱炎。

而這兩者當中，又以尿路結石的可能性最高。這是由於膀胱內形成的結晶物阻塞了尿道，導致尿液無法排出的疾病。母貓的尿道較寬大，不太容易得到這種疾病；然而公貓的尿道較爲窄小彎曲，常會有結晶物阻塞尿道的情況發生。

排尿困難的時候，有時也會發生食慾不振或嘔吐等的症狀。

如果有二天以上未排尿的情況，就會轉變成尿毒症，有生命的危險。

即使沒有顯露出特別痛苦的情況，然而一旦察覺到沒有排尿的時候，就要趕快帶到獸醫院接受檢查。

由於貓飼料的緣故，導致尿道阻塞的情況

1 食用乾的貓飼料

公貓持續食用富含礦物質成分的乾飼料。

2 飼料內的礦物質成分結晶化

飼料內所含的礦物質成分在膀胱內結晶化，進而累積。

3 結石阻塞住公貓的尿道

公貓的尿道愈往前端的部位愈細，結晶便阻塞在尿道中。

4 尿液逆流

結晶被擠壓到尿道的前端部位，進而凝結。尿夜無法排出體外，便逆流回膀胱內。

5 膀胱內壓上升

為了擠壓出過度累積在體內的尿液，導致膀胱內壓上升

改善飲食生活是最有效的預防策略

由於飼主沒有勤於清理便盆，導致貓咪不願意在裡面排尿。
餵食的時間沒有區隔，飼料整天都擺放在盤子裡。
餵食堆積如山的乾飼料
打嗝
運動不足，讓人感到肥胖
改善
隨時清理便盆
制定遊戲時間，以改善運動不足的情況
餵食的時間，固定在早晚各一次，其餘時間則不放置食物。
減少礦物質成分，改為餵食可預防下泌尿道症候群（尿道阻塞）的飼料。
讓貓經常飲用新鮮的水。

貓的尿液顏色，會因個體不同而產生差異，但是在身體健康的情況下，幾乎都是淡黃色的。如果飼主發現尿液顏色變濃或是透明無色，抑或是味道與平時不同的話，就要特別注意。

尿液顏色與平常時候不同

可能的疾病

◎泌尿器官的疾病
膀胱炎、慢性腎炎、尿路結石症、腎功能衰竭等

◎生殖器官的疾病
子宮蓄膿症、前列腺肥大等

◎腫瘤
腎臟腫瘤、膀胱腫瘤等

◎其他
糖尿病、洋蔥中毒等

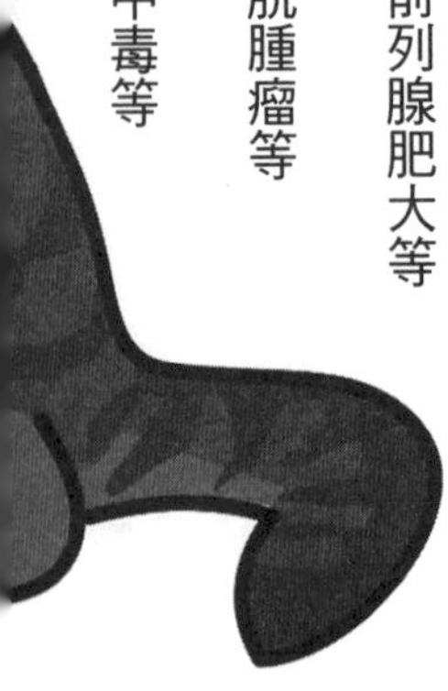

尿液中如果混雜了血液，顏色就會偏紅，這種情況就稱爲血尿。

血尿的原因衆多，有可能是腎炎、膀胱炎，或是尿道炎等等。如果吃了洋蔥類的食物，也會排出紅色的尿液；另外像是發生事故或打架等等，也可能會傷害到性器官。

無論如何，這絕對是罹患某種疾病的徵兆，所以一定要馬上帶往獸醫院接受醫生的診治。

此外，如果是因爲腎臟或膀胱出了問題，大多會有上廁所的次數增加的現象。所以如果能夠先確認次數的話，就能夠協助獸醫師在診斷的時候，更順利地辨別特定的疾病。

先觀察這幾點再去找獸醫師

- CHECK! 排尿的姿勢是否與平常不同？
- CHECK! 尿液的味道是否異於平時？
- CHECK! 排尿的次數是否時多時少？
- CHECK! 尿液的顏色是否為淡黃色？

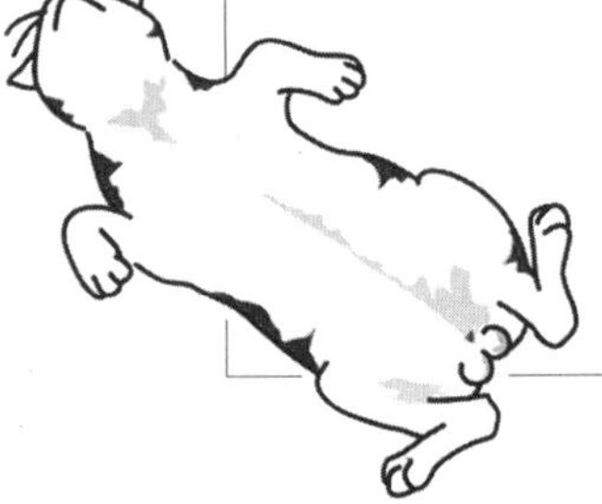

在無法確定是否有排出血尿的情況下，先將貓調整為仰躺的姿勢，試著確認尿道口（陰莖前端）是否有異常的狀況，有時會有血跡附著在分泌物上。

取面紙來吸取尿液以確認顏色及味道

大量排尿

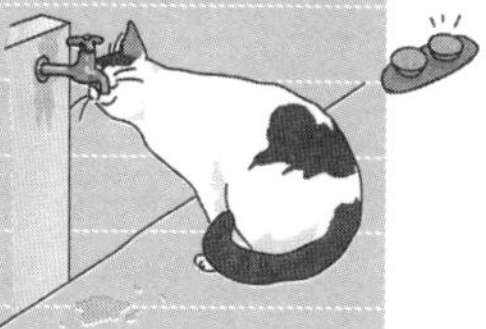

尿液既沒有顏色，也沒有味道，此時有可能是罹患糖尿病或慢性腎炎。在這種情況下，貓會頻繁地喝水、上廁所，並且排出大量的尿液。

無色透明

茶褐色

難以排出尿液

有可能是腎臟、尿路出現發炎反應。在這種情況下，就會看到貓明明已經擺出排尿的姿勢，卻無法排出尿液，或滴滴答答地排出血尿。

食用洋蔥之後會排出血尿

有幾種食物是絕對不可以讓貓吃的，洋蔥或青蔥等的蔥類就是其中之一。這是因為蔥類所含的物質當中，有某種成分會促成溶血反應，使得血液中的紅血球受到破壞。

貓會因此陷入極度貧血的狀態，並且排出紅色的尿液。由於個體的差異，引發中毒症狀所需食用的蔥類的量也會不同；而且也不會在食用之後，就立刻出現中毒的症狀。即使只有食用蔥類所熬的湯汁，也會成為中毒的原因，所以請飼主注意絕對不要餵食攙有蔥類的食物。

尿液的顏色比平時更黃、更濃的時候，可以視爲是健康狀態不佳，或是罹患疾病的警訊，此時可以向經常就診的獸醫師諮詢。

頻繁地喝水

貓這種動物，並不像狗那樣會頻繁地喝水。由於貓是來自乾燥沙漠地帶的動物，所以生理構造上是屬於能夠有效率地從食物中獲得水分的種類。但是在上了年紀之後，就會變得比年輕時期更頻繁地攝取水分。

可能的疾病

◎泌尿器官的疾病
慢性腎功能衰竭、腎炎、膀胱炎等

◎內分泌的疾病
糖尿病、甲狀腺機能亢進症等

◎生殖器官的疾病
子宮蓄膿症等

◎其他
腎臟腫瘤、胰臟炎、庫興氏症候群等

如果排尿的次數以及食量起變化的話，就要趕快帶去獸醫院

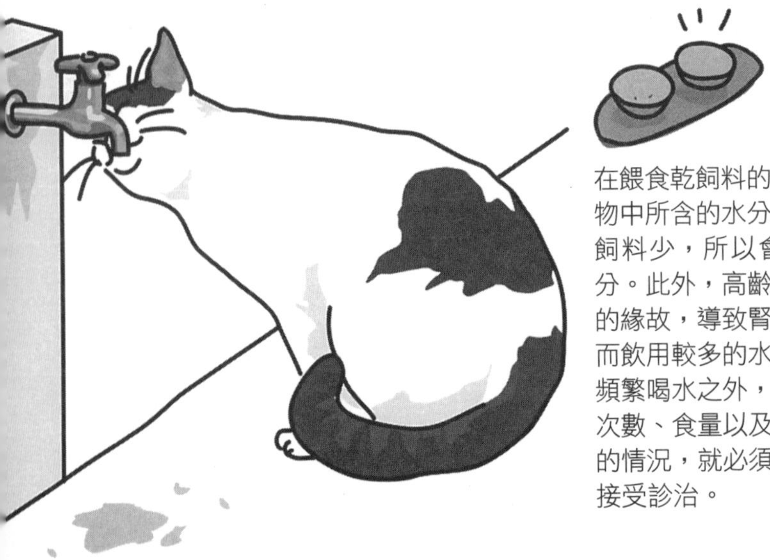

在餵食乾飼料的情況下，由於食物中所含的水分比罐頭這類的濕飼料少，所以會飲用較多的水分。此外，高齡貓也會因為老化的緣故，導致腎臟功能衰退，因而飲用較多的水分。但是如果在頻繁喝水之外，還觀察到排尿的次數、食量以及體重都產生變化的情況，就必須要送到獸醫院去接受診治。

跟狗比起來，貓是屬於不太需要補給水分，也能夠生存的動物。貓的特徵之一，就是身體可以有效地利用水分，進而排出較濃的尿液。即使在食用高鹽分的食物之後，也不會因此而攝取大量的水分。

如果貓開始頻繁地喝水，並且緊接著排尿的話，就要將之視爲是身體出現某種異狀所發出的警訊。

一而再，再而三地前去喝水的貓，可能是罹患了糖尿病、腎臟病，或是子宮蓄膿症等的疾病。

遺憾的是，有極多的病例顯示，當飼主發現到貓多喝多尿的情況時，疾病已經惡化到某一個程度了。

爲了不讓這樣的遺憾發生，請飼主特別注意在貓還小的時候，就要定期接受尿液的檢查。

不太吃東西

是否有這樣的症狀？

- □體重減輕
- □反覆嘔吐
- □體力衰退
- □頻尿
- □身體浮腫

有罹患【腎炎】的可能性

貓在排尿之前，會由腎臟再次吸收必須的水份。如果罹患了腎炎，就無法進行再吸收的動作，因而排出大量的尿液，所以喝水的頻率就會增加。

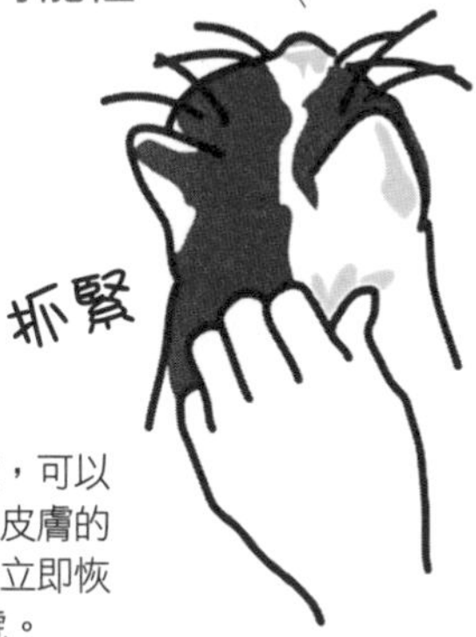

想確認身體是否浮腫，可以捏捏脖子的肉。如果皮膚的狀態在捏了以後無法立即恢復，就是浮腫的訊號。

吃很多

是否有這樣的症狀？

- □頻尿
- □很會吃卻一直瘦
- □腹瀉
- □睡眠時間長

有罹患【糖尿病】的可能性

這是一種血液中含糖量增加的疾病，如果再惡化下去，會引發脫水的症狀。也因此才會攝取大量的水分，高齡貓特別容易罹患這項疾病。

不太吃東西

是否有這樣的症狀？

- □頻尿
- □腹部腫脹
- □發燒
- □嘔吐
- □口腔內有白色黏膜

有罹患【子宮蓄膿症】的可能性

這是膿蓄積在子宮裡的疾病，只要碰觸腹部周圍，就可以確認到子宮內有腫塊。由於會有發燒、化膿的症狀，因而消耗掉體內的水分，所以才會需要攝取大量的水分。

明明擺好了排泄的姿勢，卻怎麼也大不出來的話，就是便秘。
由於姿勢跟排尿相似，所以究竟是要大便還是要排尿，極難加以區別。
無論如何，如果一整天都看到這種姿勢的話，就趕快向獸醫師諮詢吧！

大便很硬、大不出來

如果長時間待在便盆裡
就是便秘的徵兆

可能的疾病

◎消化器官的疾病
便秘、大腸炎、巨結腸症、腸阻塞、腸套疊等
◎泌尿器官的疾病
膀胱麻痺、膀胱結石等
◎生殖器官的疾病
子宮蓄膿症、子宮肌瘤、前列腺炎、前列腺肥大等
◎其他
環境緊迫、蛔蟲症、毛球症、副甲狀腺功能異常等

● 注意!! ●

泌尿系統疾病的症狀之一，就是數度往返於便盆，卻沒有排尿。如果發現這種情況，卻沒有在 2 天內加以處理的話，就會有生命危險。

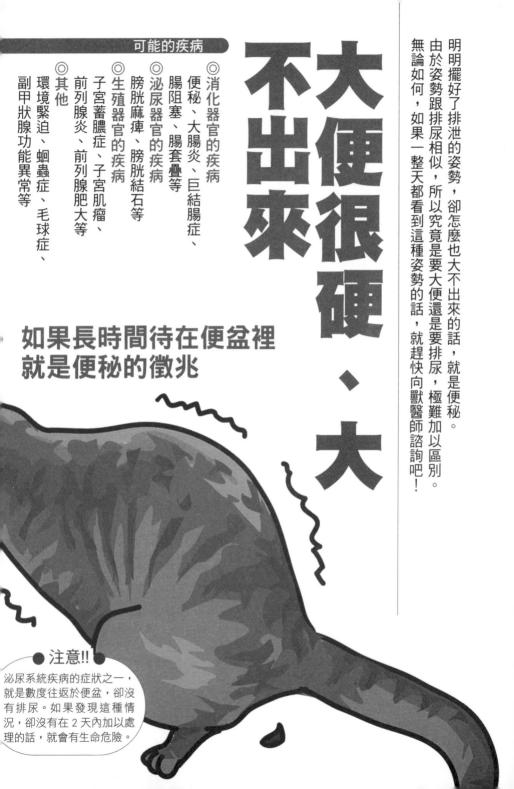

除了便秘之外是否還有這樣的症狀呢？

走路的方式怪怪的

骨頭因為事故或疾病的緣故而變形，致使大便不容易通過，因而引起便秘。

讓人有肥胖的感覺

體型肥胖的話，容易造成排便困難。

飼主懶惰，沒有常常刷毛

飼主沒有定期幫貓梳理被毛，使貓將脫毛吃進肚子裡，因而集結成塊，堵塞到大便。

一次餵食過量的飼料

突然餵貓吃下大量的食物，或是持續劇烈腹瀉的話，部分的腸道會因此而重疊，引發腸套疊這種疾病，因而形成便秘。

餵食食用油，是解決高齡貓便秘的對策

明明觀察不到任何的異常，也沒有重大疾病，但是就是會便秘，特別是高齡的母貓，由於老化的緣故使得腸道的功能減弱，因而形成便秘。可以間隔 2～3 天的時間，餵食一湯匙鮪魚罐頭的魚油或是沙拉油，或是拌在飼料中一起餵食，應該就會大便了。同時，多安排遊戲時間，增加運動的機會，以活絡內臟器官的功能。

先觀察這幾點再去找獸醫師
CHECK! 一天內大約去便盆幾次？
CHECK! 吃東西時跟平常一樣嗎？
CHECK! 幾天沒大便了？
CHECK! 是否偶有嘔吐的現象？
CHECK! 腹部是否膨脹突出？
CHECK! 是否有吞入異物的跡象？

進入便盆之後，長時間維持相同的姿勢，持續不斷地用力，才便出很硬的大便，這就是便秘的癥兆。有時也會便出黑色圓形的團狀物或是黏液。尤其是高齡的母貓，特別容易有便秘的傾向。

貓是非常容易便秘的動物，請每天觀察貓在便盆裡大便的樣子，如果有二天以上沒有大便的話，就必須採取某種對應的方法。像是在飼料中摻入奶油、餵食富含纖維的食物等等，應該可以使得排便順暢。如果症狀還是無法改善的話，最好向熟識的獸醫師諮詢。

便秘的原因，有可能來自於壓力，或者偏食等等的因素。此外，貓在梳理被毛的同時，會將脫毛吃進肚子裡，這些毛在腸胃中形成較大的毛球，也會造成排便的障礙。所以平時就要做好貓的健康管理，並且多加留意。

如果排出又黑又硬的大便，或是摻雜了血液等黏液質的大便時，極有可能是罹患了某種疾病，必須要盡早帶往獸醫院接受診療。

大便較稀

大便是測知身體狀況是否良好的重要線索，請飼主在清理便盆時，確認是否與平日相同。大便較稀的時候，請探討食慾及動作是否產生變化、有否更換食物，或者對環境感到壓力等等的原因。

可能的疾病

◎感染症
貓瘟、貓愛滋病、弓漿蟲症等

◎泌尿器官的疾病
尿毒症

◎消化器官的疾病
胃潰瘍、急性腸胃炎、慢性腸胃炎、便秘、巨結腸症等

◎寄生蟲的疾病
蛔蟲症、鉤蟲症、螩蟲症

◎中毒
食物中毒、藥物中毒

由症狀、狀況來了解主要的原因

是否有吞入異物的跡象？
請先確認房間裡原有可以放入嘴巴的小玩具或藥瓶，還在不在原來的地方。

突然更換食物的種類？
有些貓在吃到不習慣的食物後就會腹瀉。此外，沒有經常喝牛奶的貓，有乳糖不耐症的貓也會容易腹瀉。

一口氣吃下太多的東西？
是否因為肚子太餓了，便一口氣將端上來的食物全部吃光光？如果吃得太快，會導致消化不良的情況。

有作嘔的症狀
如果在腹瀉的同時還伴隨有作嘔的症狀，有可能是胃的功能出現問題，此時最好向熟識的獸醫師諮詢。

環境產生變化？
搬家、增加新的家族成員等等的環境變化，都可能是壓力的來源，因而引起腹瀉的情況。

如果只拉了一次肚子，而且看起來還是很健康的樣子，那就只要餵食貓專用的止瀉藥就夠了。但是如果持續拉個不停的話，就要趕快帶去給獸醫師檢查了。

腹瀉的原因，有可能是小腸或大腸發生異常，或是寄生蟲、吃太多等等的因素。其中又有個簡單的區分方式，像是如果大量地排出水便的時候，就是小腸異常；排出少量且帶黏液的大便時，則是大腸異常，在正常狀況下大致可以做這樣的推測。而飼主在確認大便的次數及狀態後，如果還能將大便帶去獸醫院，就更容易辨別愛貓所罹患的疾病了。

另外，由於小貓的消化器官發育還不夠健全，所以常會有腹瀉的症狀。雖然會隨著成長而改善，但是也有可能是得到傳染病，如果沒有改善的話，請立即帶去給獸醫師診治。

依據大便的形狀，來辨別罹病的器官

白色的水狀便

如果是帶有酸味、略為白色的水溶便，通常是小腸出現異常的警訊。

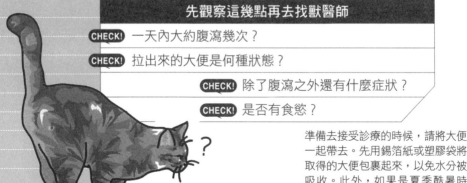

紫黑色的軟便

病毒性的感染症，或是突然發生的劇烈腹瀉，傷害到腸黏膜。

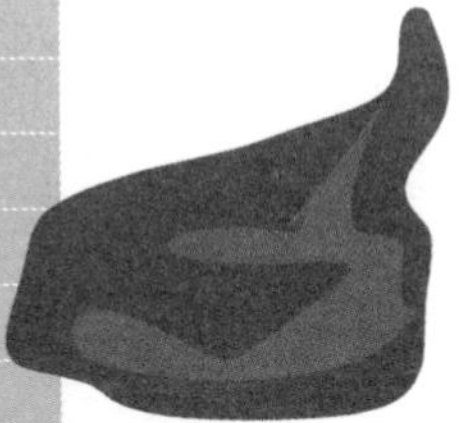

紅色的軟便

如果是紅色的鮮血摻雜在大便裡，通常是大腸產生異常。

先觀察這幾點再去找獸醫師

- CHECK! 一天內大約腹瀉幾次？
- CHECK! 拉出來的大便是何種狀態？
- CHECK! 除了腹瀉之外還有什麼症狀？
- CHECK! 是否有食慾？

準備去接受診療的時候，請將大便一起帶去。先用錫箔紙或塑膠袋將取得的大便包裹起來，以免水分被吸收。此外，如果是夏季酷暑時期，最好將大便冷卻保存，以免細菌在前往獸醫院的途中大量滋生。

即使是健康的貓，一天當中也有三分之二的時間在睡覺。而貓在上了年紀以後，蹲伏著的機會就更多了。但是，如果想抱牠的時候卻做出討厭的反應，或是對平常喜好的事物視而不見時，就有可能是生病了。

一動也不動地蹲伏著

可能的疾病

◎糖尿病◎感染症
◎心臟病◎碰撞、骨折
◎泌尿器官的疾病
尿毒症、下泌尿道症候群
◎肥胖◎中毒
◎肝臟的疾病
脂肪肝、膽管性肝炎症候群等
◎腫瘤
淋巴腫瘤、骨髓腫瘤等
◎壓力

不梳理自己的被毛，被毛光澤變差
即使撫摸牠、叫牠的名字，也沒有反應

貓在一天當中，幾乎有三分之二的時間都在睡覺。一般來說，如果是十歲以上的高齡貓，在活力逐漸減退的情況下，一天約有二十個小時以上的時間，都處於迷迷糊糊的狀態。

但是如果有「叫了也沒有反應」、「即使撫摸牠也不會表現出心情愉快的樣子」、「躲在隱蔽處一動也不動地蹲伏著」等與平常完全不同的舉止，就有可能是身體出現異常情況了。

此時請再試著從其他方面來觀察貓的舉止有無任何的變化，像是「變得沒有食慾」、「頻頻嘔吐」、「撫摸牠好像會痛的樣子」等等。

如果有這些蛛絲馬跡的話，就有可能是生病了。

此外，貓是不耐寒的動物，如果待在溫度較低的場所，因為體溫下降，牠的習性就會驅使牠蹲伏下來。

在這種情況下，請設法讓室溫上升（上升的速度不可過快），過一段時間以後再看看貓的情況，應該就沒問題了。但是如果情況嚴重的話，就必須立刻帶往獸醫院接受診療。

看到喜歡的東西也沒有反應，就是異常的訊號

即使是健康的貓，在成長到 12~13 歲的高齡之後，大致上都會以蹲伏著的姿勢來度日。此外，在環境突然改變的情況下，也會由於壓力而轉變成這種狀態。但是如果時間一分一秒過去了，它還是一動也不動，而且長期處於這種狀態的話，最好帶到獸醫院去檢查。

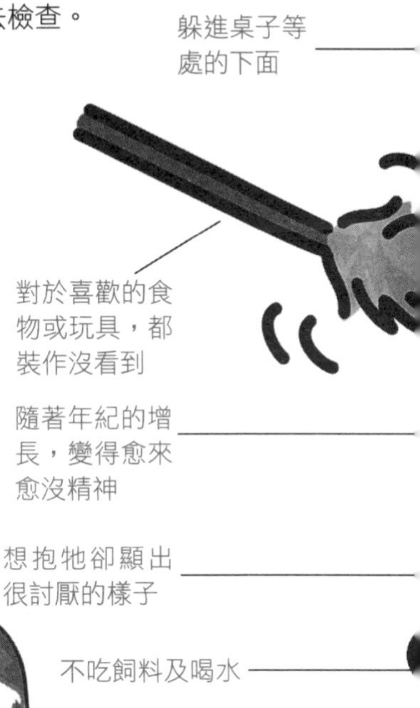

躲進桌子等處的下面
對於喜歡的食物或玩具，都裝作沒看到
隨著年紀的增長，變得愈來愈沒精神
想抱牠卻顯出很討厭的樣子
不吃飼料及喝水

先觀察這幾點再去找獸醫師
CHECK! 碰牠時是否會出現不喜歡的樣子？
CHECK! 呼吸狀況是否正常？
CHECK! 大、小便是否與平日相同？
CHECK! 有無發燒症狀？
CHECK! 體重是否減輕？
CHECK! 口腔內的顏色是否蒼白？
CHECK! 是否有食慾？
CHECK! 有無嘔吐症狀？

貓有的時候是因為身體會痛，所以不願意移動。如果不讓人碰觸身體的話，有可能是因為外傷，或是受到外傷的同時引起內臟損傷的情況。此時請以不會對貓造成負擔的姿勢，帶往獸醫院接受檢查。

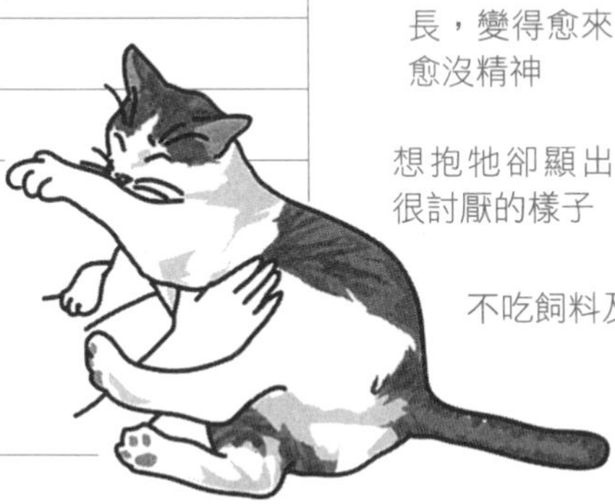

如果走路的方式不對勁，或是拖著腳走的話，首先要確認是不是因為事故而導致骨折或脫臼。除此之外，也有其他可能的原因，像是寄生蟲的疾病、或是感染症等。

走路時步履蹣跚

可能的疾病

◎耳朵的疾病
中耳炎
◎感染症
貓愛滋病、貓傳染性腹膜炎、弓漿蟲症
◎腦、神經的疾病
腦炎、脊髓炎、小腦形成不全等
◎營養的障礙
維他命A缺乏症、維他命A過多症、維他命B缺乏症、副甲狀腺功能異常、佝僂病、黃脂症等
◎受傷、脫臼、骨折
◎中毒◎中暑

從走路的方式，可以了解是哪個部位受到傷害

拖著一隻腳

如果突然變成拖著一隻腳走路的話，有可能是骨折或脫臼。發生的原因應該是從高處落下或是交通事故等。

走路搖搖晃晃

應該是由於腦或神經方面的疾病所引起。如果從小貓時期就以這種方式走路，極有可能是先天性的腦部障礙。

貓如果拖著腳走路，或是僅以三隻腳來行走的話，有可能是骨折、脫臼，或是神經受到損傷等等。

如果單從外表看不出來的話，可以試著用手輕柔地觸摸，以觀察貓會不會因此感到疼痛。此外，貓會經常舔著受傷的部位。所以愛貓如果一直反覆舔著特定部位，就要特別當心了。

爪子長得過長時，會深入腳爪裡而導致出血，使得走路的姿勢看起來很笨拙，此時請先止血並加以消毒。

如果全身搖晃個不停，以不穩定的步履走路的話，極有可能是身體衰弱、神經異常，或是藥物中毒等等，此時必須要儘速送到獸醫院接受診療。

住在高級公寓或是略顯肥胖的貓必須特別小心骨折

一般來説，從小就被飼養在高級住宅裡的貓，對於高處的恐懼感或戒心較低，所以經常會有從陽台跌落、或是從高處的窗戶往下跳之類的事故發生。此外，如果是略微肥胖的貓，僅僅是從桌子上往下跳，都有可能會演變成骨折的局面。因此雖然只在室內飼養，在感覺到貓走路的方式不對勁時，就要考慮有可能是骨折了。

走路的樣子不自然

看起來像是為了保護腰部，而以不自然的方式行走的話，或許是腰或股關節受到傷害。

腳部彎曲

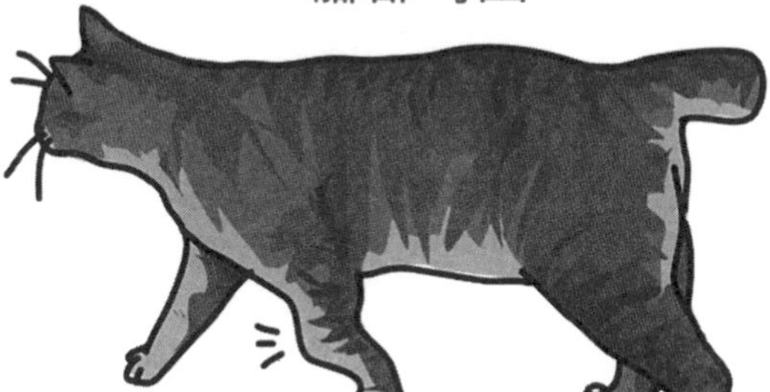

如果腳的形狀呈彎曲狀的話，或許是佝僂病。長期飼養在室內的貓比較容易發生。

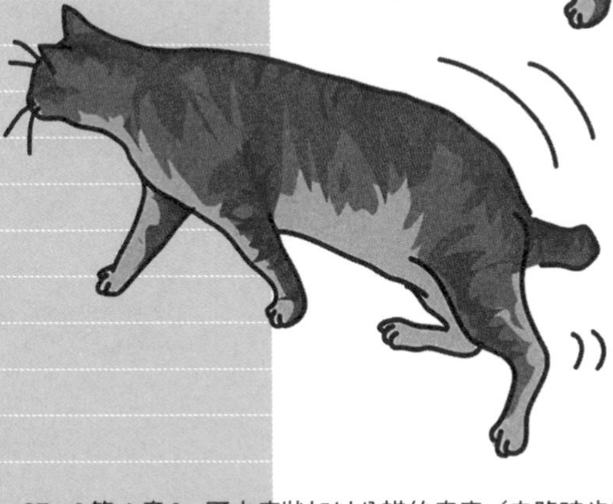

拖著下半身

如果是邊拖著下半身，邊以前腳前進的話，應該是脊髓受到傷害，或是椎間板突出。

並非出於本身的意志，身體卻時而僵直、時而顫抖，這種症狀就是所謂的「痙攣」，發生於控制肌肉動作的腦葉產生障礙的情況。

痙攣

可能的疾病

◎泌尿器官的疾病
尿毒症、急性腎功能衰竭等
◎營養的障礙
維他命B缺乏症等
◎腦、神經的疾病
頭部外傷、腦炎、脊髓炎、癲癇發作、水腦症等
◎誤食異物
◎低血糖症

痙攣發作時，請耐心在旁守候，千萬不要插手

在貓身上經常可以看到由於癲癇發作引起的痙攣，發作前通常都會有前兆，主要出現在頭部及腳。當癲癇發作引起的痙攣程度達到最強烈的時候，請收拾周圍的東西，並以座墊等物品築起保護牆，以確保愛貓不會因此受傷，然後就是靜心守候。發作之後，如果口唇部有白沫，或是流口水的話，請輕柔地為牠拭去。

當貓出現痙攣症狀的時候，都會有一些前兆，像是「發出奇怪的鳴叫聲」、「口唇不停地抖動」、「口吐白沫」或是「尿失禁」等等的情況，接著就開始為時數分鐘的激烈痙攣。

飼主如果在這段期間碰觸貓的身體，可能會被緊咬著不放，所以請耐心在旁守護愛貓的安全即可。

當痙攣的情況趨緩之後，請將房間內的燈光轉暗，並用棉布或毛巾包裹身體，為愛貓營造出能夠安靜休息的環境，接著就要馬上聯絡獸醫師。

引發痙攣的原因很多，像是癲癇、腦炎、心臟病、低血糖症、誤食毒物等等，上述每一項都是需要獸醫師診療的疾病，所以請一定要帶到獸醫院接受檢查。

先觀察這幾點再去找獸醫師

- CHECK! 痙攣發作前是否有任何前兆？
- CHECK! 痙攣發作中是否還有意識？
- CHECK! 除了頭部之外，是否還有傷口？
- CHECK! 是否口吐白沫？
- CHECK! 是否由口中散發出尿騷味？
- CHECK! 全身都痙攣嗎？還是只有身體的某些部位痙攣？
- CHECK! 是否有腹瀉或嘔吐？

發作情況趨緩之後，請擦拭掉口唇附近的口水，並將貓移到安靜的房間，以棉布或毛巾包裹身體，以保持溫暖。

癲癇發作的前兆

顏面微微抽動、口唇不住抖動、口吐白沫，或是翻白眼。

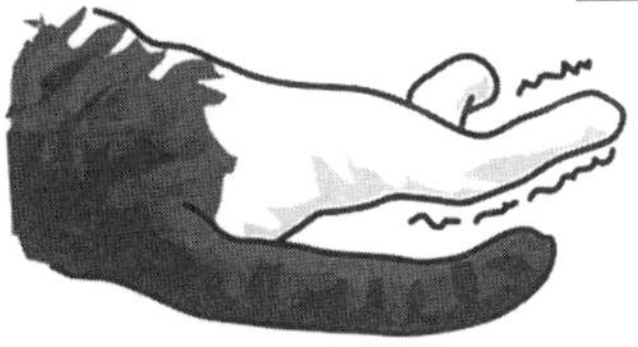

只有一隻腳痙攣地抖動著，或是發生漏尿的情況。

發作後

因發作引起的痙攣趨緩之後，由於全身的肌肉疲勞，因而呈現筋疲力竭的狀態。

腹部腫脹

當腹部顯得異常腫脹的時候，最有可能的原因，就是罹患了貓傳染性腹膜炎的感染症。這是一種水分不正常地蓄積在腹部周圍，因而有腫脹感的不治之症。

可能的疾病

◎感染症
貓傳染性腹膜炎
◎泌尿器官的疾病
腎炎、水腎炎
◎營養的障礙
肥胖
◎消化器官的疾病
腸阻塞、胃捻轉等
◎內分泌的疾病
子宮蓄膿症、子宮癌
乳腺炎等

以手輕敲確認是否有腹水蓄積的情況？

用一隻手扶著側腹部，另一隻手輕輕地敲，如果有搖晃的感覺，就是有腹水蓄積的證據。

因為有可能是肥胖、吃太多，或是便秘等因素引起腹部腫脹，所以要先確認排泄的狀況，以及是否有過度餵食的情形。此外，如果是肥胖的話，不應該只有腹部有脂肪堆積，而是全身都會布滿脂肪。

如果既不肥胖、也沒有便秘，但是卻出現腹部腫脹的現象，此時就要懷疑是否罹患某種疾病了。最常見的，就是貓傳染性腹膜炎或腹腔內腫瘤之類引起的水分（腹水），不正常蓄積在腹部的疾病。將一隻手扶在貓的側腹部，再用另一隻手輕敲腹部的另一側。用手掌扶著的地方如果感覺到有振動的話，這就是腹水蓄積的訊號。如果沒有感覺到振動，就是別種疾病造成腹部腫脹。無論是哪一種，都必須接受獸醫師的診療。

先觀察這幾點再去找獸醫師

- CHECK! 碰觸時的觸感如何？
- CHECK! 有作嘔的情況嗎？
- CHECK! 呼吸的狀態正常嗎？
- CHECK! 排尿的狀態正常嗎？
- CHECK! 食慾正常嗎？

在同時飼養了好幾隻貓的情況下，如果感覺到有可能罹患了貓傳染性腹膜炎時，必須馬上與其他的貓隔離。在把生病的貓送到獸醫院接受診療之後，別忘了也讓其他的貓接受檢查。

肥胖、便秘、腫塊、腹水……先以觸摸的方式確認

腹部如果腫脹的話，就先以手觸摸看看。舉例來說，如果不僅僅是腹部，連背、胸以及全身都附著了脂肪的話，這就是肥胖了。此外，也有便秘的可能性，也請確認一下排便的情況。

還有，當腹部裡像是有水般柔軟的流動感時，大致上就有可能是貓傳染性腹膜炎。如果繼續惡化下去，連呼吸都會變得急促。

脫毛

春末或秋初等季節變換的時候，就是所謂的換毛期，會出現大量脫毛，然後重新長出。但是，有些部位卻會全部掉光並且露出肌膚，如果該處出現發炎現象的話，就有可能是生病了。

可能的疾病

◎皮膚的疾病
疥癬、黴菌感染、貓疥癬蟲症、跳蚤過敏性皮膚炎、對稱性脫毛症、庫興氏症候群、貓痤瘡（青春痘）、尾脂腺皮膚炎、嗜酸性球性肉芽腫、感光過敏症、食因性過敏等

◎營養的障礙
維他命A缺乏症、維他命B缺乏症等

◎心理的疾病
壓力性脫毛症、神經性脫毛症等

背、大腿內側、以及脖子的脫毛

跳蚤過敏性皮膚炎

因跳蚤寄生所引發的跳蚤過敏性皮膚炎。從尾根部延伸到背部，而且在大腿內側及脖子也看得到脫毛的現象。

從脫毛的地方以及皮膚的狀態，來探討原因

在季節交替的時節，貓的被毛也會脫落並且重新生長。但是如果脫毛過於激烈，或是只有某些部位出現掉毛的情況，就要考慮到是不是罹患某種疾病了。

在所有可能的疾病當中，可能性最高的就是皮膚炎。但是有一點要請飼主特別注意，就是千萬不要自己下判斷，然後就去藥房買皮膚藥來擦。

因爲皮膚病只是一個總稱，還可細分出許多不同的種類，並且還各自有不同的處方用藥。如果是由於寄生蟲引發脫毛，就必須要同時進行驅蟲的動作。

此外，除了皮膚炎之外，還有內臟的疾病，或是維他命B不足、心因性的壓力等，也可列入脫毛原因的考慮範圍。所以最重要的就是還在發病的初期階段時，就是趕快帶到獸醫院去。

耳朵、眉毛、脖子脫毛

食因性過敏

主要原因來自於特定食物，會有皮膚變紅、脫毛，或長出一顆顆小疹子的症狀。由於全身發癢，就會去舔、抓或咬，所以前後足能夠碰到的部位就會脫毛。

圓形脫毛

皮癬菌感染

當脫毛的形狀呈圓形時，就是因為感染了名為錢的黴菌，因而引發皮膚炎。除了脫毛的部位呈圓之外，患部會變紅、流出液體或產生皮屑。

前、後足及背部脫毛

心因性皮膚病

主要原因來自於環境變化等因素引起的壓力，使得貓舔或咬自己的身體，造成脫毛。舔得到的範圍，像是前後足以及背部等處，都會脫毛。

臉及耳朵邊緣脫毛

耳疥蟲症

主要原因是因為耳疥蟲寄生在耳朵引起的。因為癢，使用前後足抓耳朵周圍，傷害到臉及耳朵緣，造成脫毛。

下巴下方脫毛
貓痤瘡（青春痘）

下巴下方的毛髮脫落，並且長出紅色的疹子，這是因為脂肪塊堆積引發的疾病。

左右對稱脫毛
對稱性脫毛症、庫興氏症候群

由於絕育手術以及藥物副作用等因素，導致內分泌失衡而引發的脫毛，身體兩側的毛會對稱性地脫落。

白色的貓在頭部脫毛
感光過敏症

此種症狀常見於白色的貓，在接受到強烈日曬後引發的過敏性皮膚炎，如果不予理會的話，可能會惡化成皮膚癌。

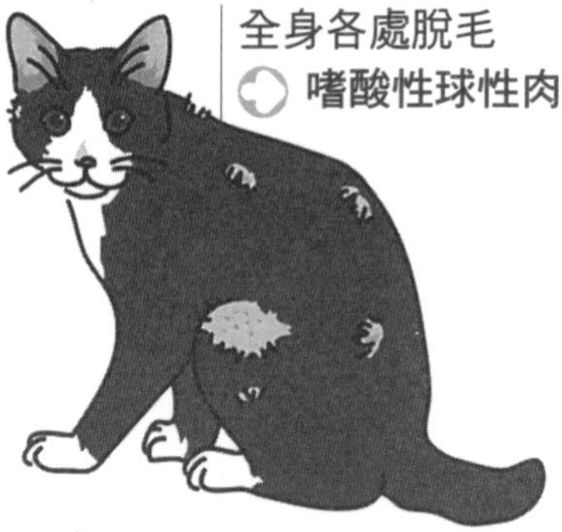

全身各處脫毛
嗜酸性球性肉芽腫

伴隨著強烈的搔癢感，身體各處的被毛掉個不停，腹部及大腿部位的柔軟肌膚則呈潰爛狀態，有時也會出現在口唇部位。

尾根部紅腫脫毛
尾脂腺皮膚炎

由於尾根部出現發炎反應而紅腫，因而頻繁地舔或咬，導致脫毛。

頭及耳朵周邊脫毛
維他命缺乏症

由於偏食引起的疾病，導致頭部脫毛，脫毛的部位有時會伴隨皮膚炎的症狀。

產生皮屑

皮膚會每天更換再生。
從皮膚表面掉落的細胞就稱為皮屑。
皮屑通常非常微小，即使附著在毛上也看不見，
但是也有大到能夠以肉眼看到的情況。

可能的疾病

◎皮膚的疾病
貓疥癬蟲症、
貓痤瘡（青春痘）、
食因性過敏等

◎營養的障礙
維他命A缺乏症

◎內分泌的疾病
甲狀腺機能亢進症

先觀察這幾點再去找獸醫師

- CHECK! 是否會覺得癢？
- CHECK! 全身都有皮屑？還是只有部分產生皮屑？
- CHECK! 是否有脫毛的現象？
- CHECK! 排尿的狀態正常嗎？
- CHECK! 使用什麼種類的洗髮精？

當大至肉眼可見的皮屑大量出現的時候，有相當大的可能性是罹患了皮膚病。

皮膚病只是個統稱，大致上可區分為二類，分別是由跳蚤或疥癬蟲等寄生蟲所引起的，以及過敏性的皮膚病。

如果在以毛刷幫貓梳毛的時候，除了皮屑之外，還有黑色的粒狀物一起出現的話，那就是跳蚤的糞便。

此外，如果背部或耳朵邊緣出現了許多細小的皮屑，則受到疥癬蟲感染的機率就會增高。

由於皮膚病可以細分為許多不同的種類，所以要先帶到獸醫院檢查，究竟是皮膚感染症或是過敏。

從產生皮屑的部位可以了解到哪個部位比較虛弱

頭部
可能是食物過敏。

背部
如果背部出現瘡痂狀的皮屑，有可能感染了跳蚤症。

下巴下方
如果出現在下巴下方，有可能是貓痤瘡。

毛色光澤不佳

一般來說，貓是屬於能夠自行梳理被毛、愛漂亮的動物。當貓的被毛乾澀沒有光澤，或是沒有好好整理被毛的話，就要留意是不是罹患某種疾病了。

可能的疾病

◎消化器官的疾病
慢性腸胃炎、
巨結腸症等
◎寄生蟲的疾病
蛔蟲症、鉤蟲症等
◎內分泌的疾病
甲狀腺機能亢進症等
◎脫臼、骨折等

如果身體的各種功能失去平衡毛色光澤就會變差

毛色光澤之所以會變差，大致可以區分為三種狀況。分別為：①罹患嘔吐、腹瀉、便秘等消化器官的疾病。②體內的內分泌失衡。③由於寄生蟲的影響，導致所吃食物的營養無法被身體吸收，因而引起營養不良。此外，也有某些疾病會導致貓不再梳理自己的被毛。所以必須要仔細觀察，是否還有其他的症狀。

貓是愛漂亮的動物，經常會用舌頭仔細地舔著自己的被毛，將毛髮梳理整齊。因此健康的貓不但毛色光澤閃亮，用手撫摸時還會有柔順的感覺。

但是當貓的身體狀況不佳時，牠可能會不再梳理被毛，而毛色光澤也變得較差。此外，當罹患皮膚病或腸胃炎等的內臟系統疾病、或是內分泌失調的時候，也會出現相同的症狀。

飼主如果注意到愛貓的毛色光澤變差，請先觀察貓在飲食、如廁，或是其他方面有無任何異狀產生。若是身體的情況在其他方面也產生變化，罹患疾病的可能性可說是相當高了。

這個時候，首要之務就是要保持身體的清潔，所以飼主必須要定期地爲貓梳理被毛。

先觀察這幾點再去找獸醫師

- CHECK! 大便狀況正常嗎？
- CHECK! 是否有嘔吐的現象？
- CHECK! 食量是否產生變化？
- CHECK! 是否不喜歡被人擁抱？

連續數天腹瀉如果長期持續這種狀況的話……

有可能是慢性腸胃炎的因素所引起，因而長期排出泥狀的黑色糞便，偶爾也會有嘔吐的情況，並且愈來愈消瘦。

明明進食情況正常卻愈來愈瘦的話……

恐怕是罹患了甲狀腺機能亢進症。這是 7 歲以上的高齡貓特別容易罹患的疾病，會伴隨嘔吐或腹瀉的症狀，難以平靜下來。

呼吸沈重且急促，似乎是貧血的樣子……

有可能感染了蛔蟲症或是鉤蟲症。會引發嘔吐、腹瀉，有時也會便秘。因為有可能造成貧血，所以呼吸會比較急促。

搖頭、歪著頭

當貓出現搖頭的動作時，可能是有異物進入耳朵內，或是罹患了耳疾。此外，如果有時搖頭、有時歪著頭，走路時有步履蹣跚的情況，就有可能是腦部出了問題。

可能的疾病

◎耳朵的疾病
耳疥蟲症（耳疥癬）、外耳炎、中耳炎等

◎腦、神經的疾病
內耳前庭失調症候群、腦部腫瘤、腦膜炎等

◎中毒

行為舉止是否有缺乏平衡感的現象？

請觀察是否會歪著頭，以蹣跚的步履行、視線焦點不定、或者一直在原地打轉。

要懷疑是否為腦部異常

可能的原因很多，像是中毒、感染症、寄生蟲症等，請立刻帶往獸醫院接受檢查。

分辨出貓是感覺到癢或是無法平衡的方法

我們可以從搖頭以外的動作，來分辨究竟是耳朵還是腦部出現異常。如果觀察到有抓耳朵後方的動作，就有可能是耳朵的疾病。又如果是走路的方式出現問題，則可能是腦部出現異常。此外，也有耳朵的疾病惡化到影響腦部的情形（中耳炎）。

如果看到貓再三重複搖頭的動作，這時候就要考慮是不是得了外耳炎、耳疥蟲寄生，或是有小蟲跑進耳朵裡了。

如果在搖頭的同時，連走路的步履也搖搖晃的話，就有可能是腦部的疾病。

舉例來說，所謂的內耳前庭失調症候群，就是因爲位於內耳，主導體內平衡機能的前庭部分產生異常。如果罹患了這種疾病，就會有些特別的行爲，像是頻繁地搖頭、歪著頭，或是不停地在同一個地方走來走去打轉等。除此之外，也有罹患腦部腫瘤或腦膜炎的可能性。如果感到不安的話，建議你立刻將貓帶到獸醫院接受診療。

是不是會覺得癢？

以後足抓耳朵，或是利用柱子摩擦耳朵。有時也會有坐立不安、心神不寧的樣子。

又黑又乾的耳垢

這種情況就是得了耳疥蟲症。放著不管的話，可能會引發外耳炎。如果同時飼養了好幾隻貓，就必須要特別注意，以免其他的貓受到感染。

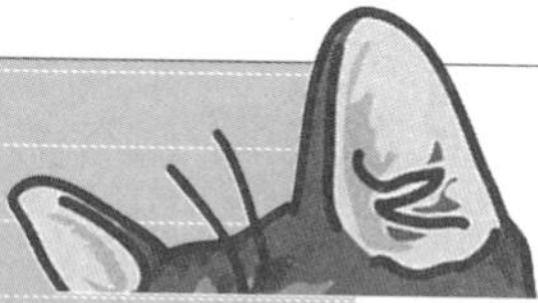

又黏又濕的耳垢

如果出現濕黏耳垢的話，就是得了外耳炎。耳垢有不同的顏色，像是乳黃色、咖啡色或是黑色。梅雨期特別容易發病。

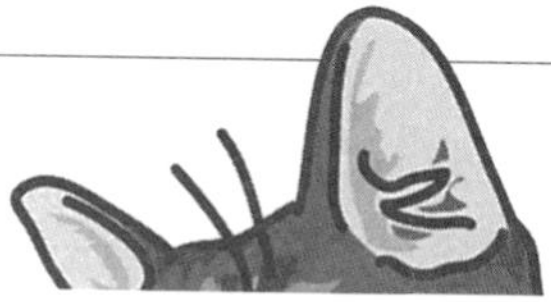

為了預防疾病，請養成清潔耳朵的習慣

如果可以仔細確認耳朵狀態的話，就能夠提早發現一些耳朵方面的疾病，也能夠防止情況惡化。先以將貓頭包覆住的手勢壓住，再用大姆指及食指輕輕地將耳翼（與耳蓋連接的部分）向上拉起，接著使用綿花棒拭去髒污。請不要過分深入耳道內部，只要輕柔地擦拭看得到的地方就可以了。

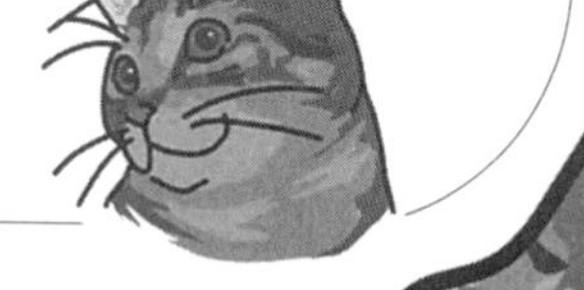

頻繁地抓身體

如果身體會癢的話，貓就會用後足抓身體，或是用嘴巴，以舔或咬的方式止癢。如果是前、後足及嘴巴無法碰到的地方，就會去摩擦柱子等處，此時請先確認發癢部位的皮膚狀態。

可能的疾病

◎皮膚的疾病
跳蚤過敏性皮膚炎、寄生蟲引發的皮膚病、貓疥癬蟲症、尾脂腺皮膚炎、嗜酸性球性肉芽腫、食因性過敏等

◎耳朵的疾病
耳疥蟲症、外耳炎、耳血腫等

◎因年老引起的皮膚乾燥

◎內分泌的疾病

◎壓力

請先確認皮膚上是否有任何的異狀

在貓抓癢的時候，請飼主用手將該部位的毛撥開，以確認表皮（皮膚）的狀態。如果表皮有變紅、被毛掉落，或是腫脹的情況，就有可能是得到皮膚病。反過來說，如果皮膚並無明顯的異常，卻一直抓個不停的話，恐怕是罹患了內臟方面的疾病。

皮膚並無異常

由於內臟的疾病引起麻痺或發癢，因而去抓身體，壓力也是會引起發癢症狀的原因之一。此外，老化的現象－皮膚乾燥，也會引發劇癢感。

不論是誰，看到貓頻繁地抓著身體的樣子，應該都會認爲是得到皮膚病。特別是在溫度及濕度都高的盛暑，容易滋生跳蚤、疥癬蟲以及黴菌，所以就更容易得到皮膚病了。

然而並非只有皮膚病才會引起身體發癢的症狀，有時像是糖尿病、腎臟病等的內臟疾病，或是精神性的壓力，也會成爲身體發癢的誘因。此外，有些情況並不是真的會癢，而是因爲貓察覺到身體有傷口或紅腫，才會抓個不停。此時請飼主試著用手將被毛撥開以檢查表皮。如果皮膚的樣子看起來沒有異樣，卻又一直抓個不停，這時候就可能是內臟方面的疾病，或是精神上的壓力所造成。

不論情況爲何，如果讓貓一直抓著身體的話，一定會傷害到皮膚，這樣只會讓病情更爲惡化而已，所以請務必儘早將貓帶到獸醫院接受診療。

常抓身體的哪個部位呢？

搔抓耳朵後方

有可能是感染了耳疥蟲症或外耳炎等的耳朵疾病。

抓脖子、背以及頸項

可能是由於跳蚤寄生，而引發跳蚤性過敏。

皮膚產生異常

請非常仔細地觀察皮膚的狀況。並且還要確認是在何種狀況下、抓的是哪個部位。

不僅只抓頭部以及脖子，全身都抓個不停

在吃完飼料後的數個小時內，出現皮膚紅腫、脫毛、表皮脫落等的現象，這是貓對特定食物（會因貓個別體質而不同）所起的食物過敏。

抓臉及耳朵

可能是由於耳疥蟲（恙蟲的一種）寄生所引發的疥癬。

搔抓全身

如果身體各處都覺得癢，還有脫毛、皮膚潰爛等症狀的話，就可能是嗜酸性球性肉芽腫。

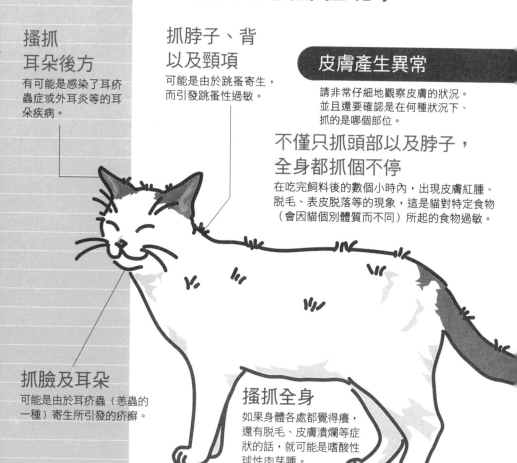

頻繁地咬、舔身體

如果貓不時地咬、舔身體的話，要先確認該部位是否發生任何異常。

可能的疾病

◎皮膚的疾病
尾脂腺皮膚炎等
◎泌尿器官的疾病
直腸脫垂、肛門腺炎等
◎燒燙傷
◎脫臼、碰撞、骨折、外傷等
◎內臟的疾病
◎腦、神經的疾病
◎壓力

皮膚並無異常

是否舔個不停？還是只是暫時性的？

如果持續舔個不停，應該是有慢性的疾病，可能是壓力或神經性方面的疾病。

步行時是否有異常的現象？

可能是某處受傷了，或是腦部受到損傷，進而影響到運動神經的功能。

是否不喜歡被人觸碰？

如果身體會痛的話，就不喜歡被人觸碰。即使看不出有外傷，卻有可能是脫臼、骨折、碰撞等引起異常。

呼吸及脈搏正常嗎？

如果心臟及胸部有異狀，就會引起發麻或麻痺的感覺，進而頻繁地舔著身體。這二種情況都會導致呼吸數及脈搏數上升。

有任何引起舔身體的線索嗎？

當飼主不在時就開始舔身體；或是飼主逗弄其他的貓時就舔身體等等，類似的壓力性的情況就是特定的線索。

精神狀態正常嗎？

如果罹患了壓力或神經性的疾病，就會靜不下來，有時甚至會出現突然且異常的動作。

屁股出現粉紅色的東西

●如果在地上磨蹭屁股，就是肛門腺炎的警訊●

舔肛門或者在地面上磨蹭，這是由於位在肛門旁邊，被稱為肛門腺內的腺體，受到淤積的分泌物阻塞，因而引起發炎或膿瘍。

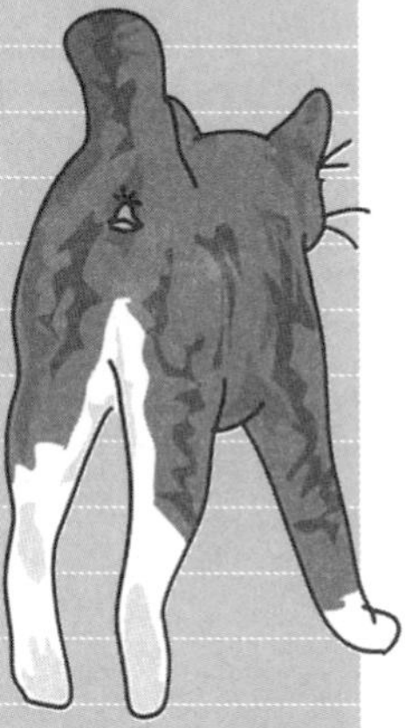

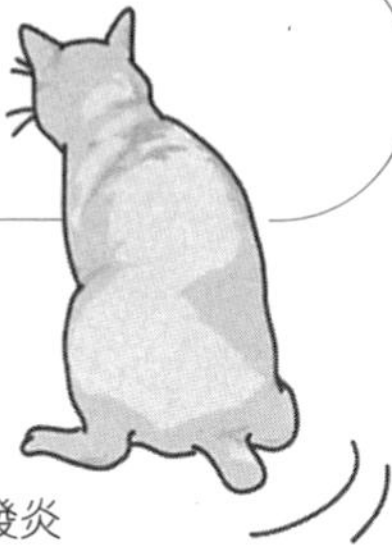

尾根部鼓脹

位於尾根部的脂肪分泌腺（尾脂腺）出現發炎反應所引起（尾脂腺皮膚炎）。

皮膚有異常

出現紅色的水腫

如果遇到燒燙傷，也會舔咬傷處。

這是由於腸子的某個部分從肛門脫出，因而出現發炎的反應（直腸脫垂）。

請確認皮膚上是否有任何症狀

請以手撥開貓常舔、咬部位的毛髮，以便確認表皮上是否有任何的異常。如果皮膚並無異常，就有可能是因為其他疾病引起的。此時必須要仔細觀察貓舔、咬的方式，以及呼吸的狀態、走路的方式等，以便告訴獸醫師。

貓是喜歡整理被毛的動物，然而飼主如果發現愛貓一直持續舔、咬相同的地方，就必須要特別注意了。這一定是因爲身體的某處出現異常，才讓貓想以舔、咬的方式加以治療。

這時候請飼主先確認愛貓所舔或咬的部位，該處如果有傷口的話，就是受傷了；如果出現紅腫狀態，就是得到皮膚病，以這種方式來判斷病因。以受傷的情況來說，如果傷口淺的話，也有自然痊癒的可能性。但是也有習慣性舔個不停，反而引起發炎反應的情況，所以飼主如果在意的話，也可以帶到獸醫院去接受診療。在外觀上看不到任何異常的情況下，就有可能是由於骨折、脫臼或是壓力所引起。

此外，如果有頻繁地舔著肛門的情況，就要考慮是不是肛門周圍或是位於內部的直腸出現異狀了。

嘔吐

引起貓出現嘔吐的原因很多，從生理性地吐出因梳理毛髮而蓄積在胃裡的毛球，到由於癌症等的嚴重疾病所引發的嘔吐等等，由於實際上的病例非常多樣，如想介定特定的原因，可說是非常困難。

可能的疾病

◎消化器官的疾病
腸胃炎、腸阻塞、腸套疊、巨食道症、食道炎等

◎寄生蟲的疾病
心絲蟲症、蛔蟲症、蟯蟲症等

◎傳染病
貓泛白血球減少症

◎泌尿器官的疾病
下泌尿道症候群、慢性腎功能衰竭、急性腎功能衰竭、腎炎、尿毒症等

◎中毒

①是否伴隨有發燒的症狀？

在伴隨有發燒症狀的情況下，就有可能是罹患了感染症。如果同時還飼養了好幾隻貓，一定要將之與其他的貓隔離。

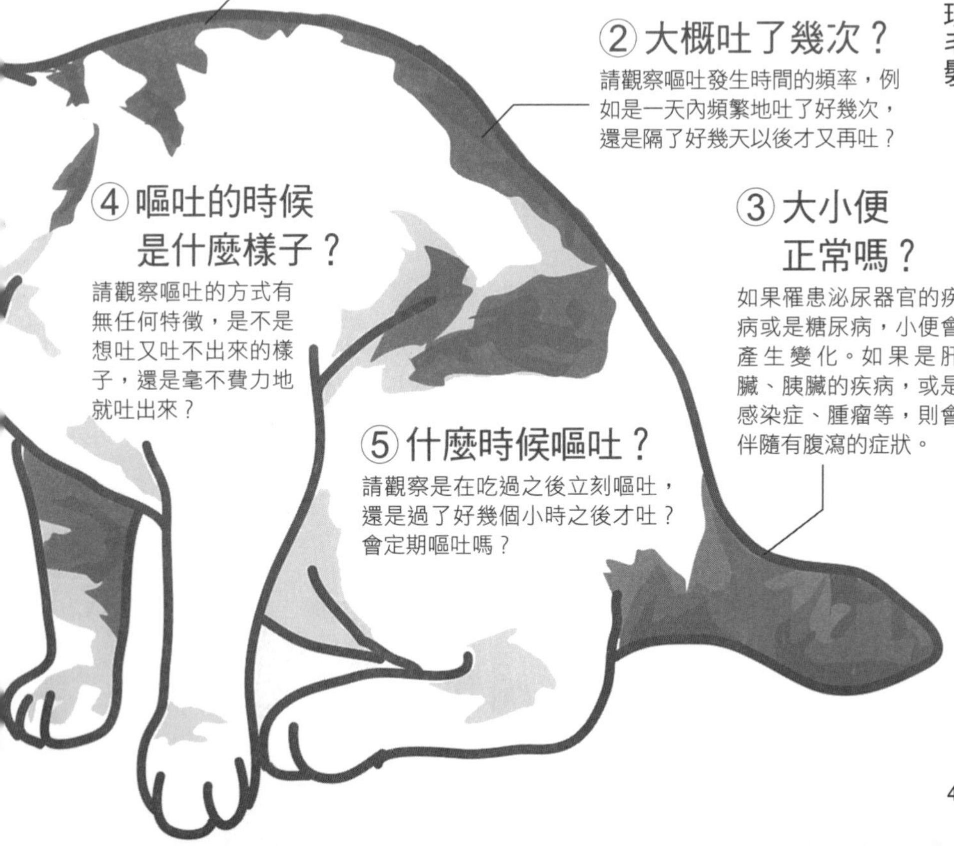

②大概吐了幾次？

請觀察嘔吐發生時間的頻率，例如是一天內頻繁地吐了好幾次，還是隔了好幾天以後才又再吐？

③大小便正常嗎？

如果罹患泌尿器官的疾病或是糖尿病，小便會產生變化。如果是肝臟、胰臟的疾病，或是感染症、腫瘤等，則會伴隨有腹瀉的症狀。

④嘔吐的時候是什麼樣子？

請觀察嘔吐的方式有無任何特徵，是不是想吐又吐不出來的樣子，還是毫不費力地就吐出來？

⑤什麼時候嘔吐？

請觀察是在吃過之後立刻嘔吐，還是過了好幾個小時之後才吐？會定期嘔吐嗎？

◎肝臟、胰臟的疾病
脂肪肝、肝炎、肝硬化、
膽管性肝炎症候群、胰臟炎等
◎內分泌的疾病
糖尿病、甲狀腺機能亢進症等
◎生殖器官的疾病
子宮蓄膿症
◎腫瘤
淋巴腫瘤
◎其他
毛球症、壓力、
誤食異物等

貓會時常舔著自己的身體來梳理被毛，不過會在舔的同時將掉下來的毛吞到肚子裡。所以要定期讓貓將肚子裡的毛球吐出來。頻率大約是長毛貓每週二～三次，短毛貓則每個月一～二次。由於這是貓的生理現象之一，吐完之後如果身體狀況良好的話，就不需要太過擔心。

但是如果有「一天內吐了好幾次」、「持續每天都嘔吐」、「吐出來的東西裡摻雜有血絲」、「伴隨有腹瀉或血尿的症狀」、「沒有食慾且筋疲力竭」等症狀的話，就有可能是生病了。持續嘔吐也會引起脫水症狀，導致身體更加衰弱，所以請將貓帶往獸醫院接受適當的治療。

會引發貓出現異常嘔吐症狀的原因極多，但是可以列入主要考慮的原因之一，應該是胃炎或腸炎，也就是腸胃出現發炎反應。如果貓沒辦法順利將毛球吐出，也有可能是毛球蓄積在胃中的毛球症。

另外，如果是公貓的話，就要確認是否有按時排尿。由於尿道阻塞等疾病會阻礙尿液排出，若因此而引發尿毒症的話，就會出現激烈嘔吐的症狀。由於會危害到貓的生命，必須要儘快帶往獸醫院接受治療。

如果嘔吐的話，請先確認這8項

⑥是否有流口水的現象？

如果中毒的話，就會出現流口水的症狀。在確定是中毒的情況之後，請務必帶到獸醫院接受診療。

⑦吐出來的是什麼東西？

了解吐出來的東西的內容以及味道，可以協助辨識疾病。

⑧吐出來的東西是否混雜了血絲？

如果摻有血絲的話，可能是消化器官出血，必須採取緊急的措施。

從具體的症狀來探討原因

吐的方式

吐得很激烈

由於腸道套疊，使得腸道不再蠕動的腸套疊；誤食異物後引發的腸阻塞；腎臟機能明顯低落的腎功能衰竭等，都會引發劇烈的嘔吐。

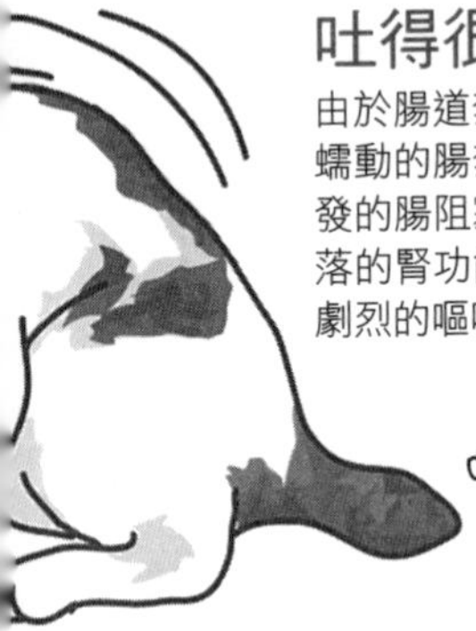

想吐卻又吐不出來

如果誤食玩具、塑膠袋、繩子等異物，或是吞食小動物，例如：蟑螂、昆蟲，就會出現反覆乾嘔的症狀，毛球症也會有相同的症狀。

時間點、內容

吃過之後，立刻原封不動地將食物吐出來

這是因為吃得太快，導致消化不良而引起的症狀。吐完之後如果還有食慾的話，應該就沒有問題。反之就有可能是幽門異常、腸胃炎、巨食道症等的重大疾病。

偶爾會吐出團狀的毛

這個團狀的毛球，就是每天梳理被毛時，吞入腹部裡的毛。

過了半天才吐，而且有便臭味

有可能是腸阻塞。由於腸道受到異物阻塞，使得腸道內的食物逆流，因而有便臭味。

連續吐了好幾次

在吐過之後，覺得已經吐得差不多了，卻又繼續吐東西出來的話，就有可能是腸胃炎，通常在吃過或喝過後就會馬上嘔吐。

吐了 1 次後就又若無其事了

可能是嘴巴吃到什麼奇怪的東西，因而反射性地吐出來。如果沒有其他的症狀，食慾也還不錯的話，應該就沒有問題了。

像是噴出來一般地嘔吐

如果是因為連接胃跟腸道的幽門機能低落，因而引起幽門痙攣症的話，會導致胃內的食物逆流，引發劇烈的嘔吐，就像用噴的一樣。

預防毛球症的種種方法

由於梳理被毛而使掉落的毛蓄積在胃裡，但是卻沒有辦法吐出來或連同大便一起排出體外，這就稱為「毛球症」。此時飼主除了平日就要幫貓梳理被毛以除去脫毛之外，還可以每週 1 次，餵食一湯匙的沙拉油（請參照第 21 頁）。另外，市面上也有販賣讓毛球隨大便一起排出的化毛膏或飼料。如果想讓貓自然地吐出毛球，可以餵食稻科這種前端較尖的草，就像現在市面上販售的貓草。由於長毛貓極容易得到這種疾病，可利用上述方式並注意觀察。

其他的症狀

有排尿異常的情況

咕嘟咕嘟地喝著水，進而排出大量的尿液；或是做出排尿的姿勢，卻又尿不出來的話，就有可能是泌尿器官的疾病。

發燒與腹瀉

因於病毒或細菌引發的感染症，或是罹患寄生蟲症的時候，都會伴隨著發燒或腹瀉的症狀。

沒有食慾

如果飼養的貓有不吃飯或沒吃完的情況，就必須要了解牠是因為任性產生的偏食習慣，還是酷熱引起的疲勞，或者是伴隨其他的疾病所引起的症狀。

了解對食物不感興趣的原因

雖然像平常那樣給予食物，卻沒有靠過來，或是只吃了幾口，就立刻離開的話，就是沒有食慾的警訊。如果罹患了慢性疾病，不吃飯的天數就會增加，會變得愈來愈瘦。

可能的疾病

◎發燒
◎消化器官的疾病
　慢性腸胃炎
◎傳染病
◎心臟的疾病
◎腫瘤
◎泌尿器官的疾病
◎肝臟、胰臟的疾病
◎呼吸器官的疾病
　鼻炎、鼻竇炎等

是否有發燒的症狀？

由於感染症或傳染病等引起發燒症狀的話，會突然變得不想吃東西。此時請用肛溫計插入肛門，以測量體溫（請參照第 55 頁）。貓的平均溫度應該是在 38～39 度之間。

身體的某個部位是否有鼓脹的情況？

請摸摸身體各處，看看是不是某個部位有鼓脹及發熱的情況，有時是因為化膿或腫瘤等因素，而變得沒有食慾。

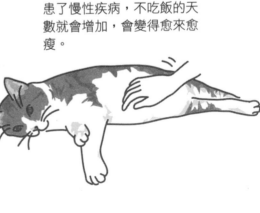

如果出生後一至二個月的小貓有持續八個小時以上，未滿一歲的幼貓持續半天，成貓持續廿四小時以上，都處於沒有食慾的狀態下，這時候就要考慮是不是身體出了什麼問題。請觀察除了沒有食慾之外，是否還有嘔吐、發燒、腹瀉以及血尿等症狀。如果都不吃飯只是不停地喝水，或是連水也不喝的話，就是危險的訊號。在察覺到這些症狀之後，就要考慮可能是胃炎或寄生蟲等疾病，此時請儘快接受獸醫師的診療。

此外，貓是屬於敏感的動物，即便沒有生病，如果由於搬家等因素導致環境產生劇烈的變化，也會出現暫時性的食慾減退現象。而生產前後，以及發情中的貓也會沒有食慾。

是否有鼻涕流出？
如果罹患了鼻炎，會有鼻涕阻塞在鼻腔內，就無法聞到任何味道了。所以即使食物就在眼前，也因為無法像平常一樣感覺到食物的味道，因而表現出沒有食慾的樣子。
是否伴隨有腹瀉及嘔吐的症狀？
排出較稀的大便、帶有血絲的大便，或者有嘔吐現象的話，就有可能是寄生蟲症或是傳染病。

規定餵食的時間，提供富含營養的食物

貓的偏食程度，比狗要嚴重好幾倍。如果飼主依照貓的喜好，光是餵食貓愛吃的食物，就會發生營養不均衡的現象。飼主可從市面上販售的飼料中，選擇營養均衡者，必須要不屈不撓地持續給予。
一整天吃個沒完也是造成肥胖的根源。所以請規定餵食的時間，不論吃或不吃，只要過了一定的時間，就將食物收起來吧！

食慾很不錯卻瘦巴巴的

如果貓有好好地吃進飼主餵食的食物，一般來說應該是不會太瘦的。如果吃得好好的卻又瘦巴巴的話，表示身體並沒有吸收到營養，這時候就要特別注意了。

可能的疾病

◎寄生蟲症

◎消化器官的疾病
巨食道症、食道炎等

◎口腔的疾病
口腔發炎、牙周病等

◎內分泌的疾病
糖尿病、甲狀腺機能亢進症

◎胰臟的疾病
胰臟炎

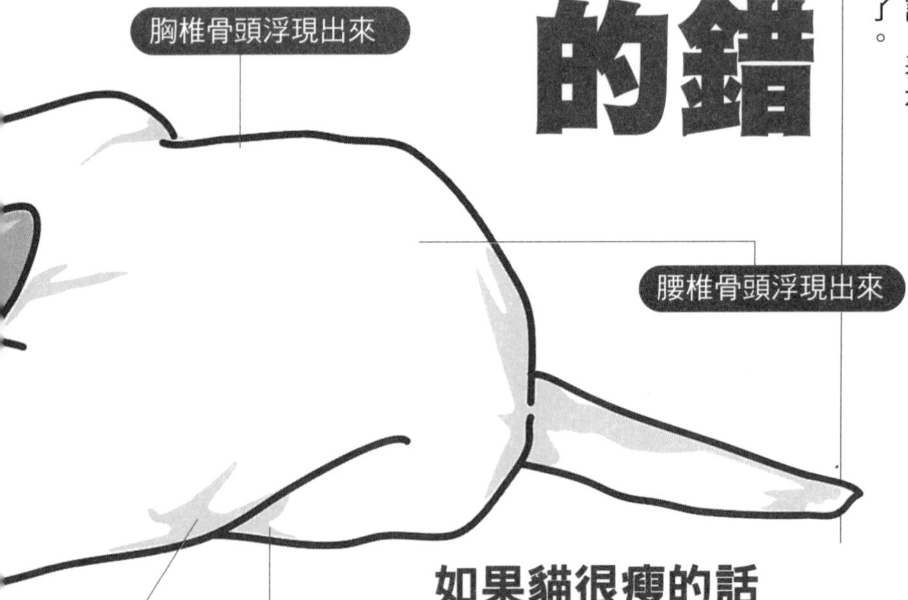

如果貓很瘦的話 請再確認有無腹瀉的症狀

雖然食慾旺盛，每天都乖乖地吃進所有的食物，但是卻可以在皮膚及被毛上明顯地看到骨頭浮現出來的形狀，這就是屬於瘦骨嶙峋的體型。如果所吃食物的內容以及運動量沒有任何變化的話，就有可能是罹患某種疾病了。

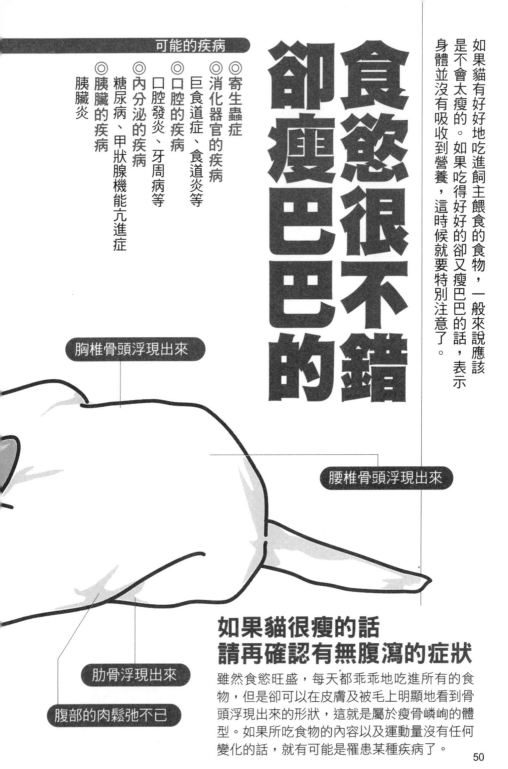

明明都有在吃，卻不會胖，有可能是營養方面出了問題。以前的貓吃的是簡單的食物，卻能夠很有精神地活動，這是因爲除了飼主餵食的食物之外，貓還會自己去捉老鼠或小鳥來吃。現在的貓卻沒有辦法這樣做，所以要重新檢視一下飲食生活，看看是不是有營養失衡的情形。

如果給予的已經是營養均衡的食物了，卻還是很瘦的話，就要懷疑是不是感染了寄生蟲症、糖尿病，或是慢性胰臟炎等的疾病。

特別是開始變瘦之後，飲水量及排尿量卻不減反增的情況下，就有極高的機率是罹患了糖尿病或慢性腎功能衰竭。

由於這是會危及生命的疾病，必須要立刻送往獸醫院接受診療。

沒有腹瀉的症狀●

●口腔發炎、牙周病

由於口腔內潰爛出現發炎症狀，因而發出惡臭。如果不治療的話，會因為疼痛加劇而無法進食，就一直瘦下去。

●食道炎、巨食道症

由於食道內出現異常，因而無法吐嚥食物。如果是食道炎的情況，會不喜歡被人碰觸到胸部及脖子。巨食道症的情況則是每次進食都會吐出來。

●授乳期、成長期的營養不足

成長期的小貓或授乳期的母貓，會比平時需要更多的熱量。但是如果飼主沒有給予含有適切營養成分的食物，體重就會減輕。

伴隨著腹瀉的症狀●

●寄生蟲症

如果有蛔蟲或蟯蟲等的寄生蟲，寄生在貓的體內時，消化器官會受到傷害，並且出現腹瀉以及嘔吐的症狀。此外，寄生蟲也會奪取貓從食物中攝取到的養分。目前可由糞便檢查中得知是否感染到寄生蟲，但在初期階段也會有誤判為腹瀉的情況發生。

●慢性腸胃炎

持續慢性且症狀輕微的腹瀉，排出較軟且顏色偏黑的大便。食慾並未消失，但由於長期的腹瀉，因而逐漸變瘦。

●壓力

急遽的環境變化或是其他的壓力，加諸在貓身上後，就會引起腹瀉，使得營養無法吸收，因而瘦下去。

●甲狀腺機能亢進症

由於荷爾蒙失調的原因，引起食慾異常，雖然大口大口地吃進食物，還喝進大量的水，但是卻一直地瘦下去，常見於高齡的貓。

●糖尿病

大量地喝水，並且頻繁地排尿。食慾變得旺盛，吃得很多，但是卻一直瘦下去，也變得沒有精神。

雖然每天都跟自己飼養的貓接觸，卻很難察覺到體重的變化。特別是養到乖乖地把所有食物都吃完的貓，更會讓飼主覺得牠一定很健康，但是也有因為「很會吃」而引發疾病的情況。

食慾異常地好而變胖

可能的疾病

◎內分泌的疾病
庫興氏症候群
◎性腺機能不全
（絕育手術）
◎腦、神經的疾病

是否對食物進行管理？

餵食過多食物

飼主餵食過多食物，或者當貓纏著要吃人的食物時，也加以餵食的話，就會導致肥胖。

行走的方式是否正常？

腦部障礙

由於事故等因素撞擊到頭部而受傷，或是因為病毒、寄生蟲感染而罹患腦炎等疾病，侵害到飽食中樞，導致食慾有異常增加的情況。

是否有脫毛的症狀？

庫興氏症候群

由於副腎皮質荷爾蒙大量分泌，引發荷爾蒙失調的情況，因而大量攝取水及食物。此外，如果罹患這項疾病，將會出現左右對稱性脫毛的症狀。

是否動過絕育手術？

術後的影響

雖然不是一項疾病，但是由於絕育手術會對荷爾蒙的均衡產生影響，因而容易發胖。

如果手沒有用力壓的話，就無法確認肋骨的位置貓在冬季時爲了要累積皮下脂肪，就會以多吃的方式來增肥；到了夏季則會有食慾減低的情況，以便瘦身。此外，在接受絕育手術之後，也比較容易變胖。這是因爲母貓在雌性激素停止分泌之後，食慾會增加；而公貓則是由於雄性激素停止分泌後，能源的效率會提高，所以進食量雖然相同，攝取到的熱量卻增加了。

由此可知荷爾蒙與食慾、肥胖有著極高的關聯性。如果沒有接受過絕育手術，卻出現因爲食慾極佳而肥胖的情況，最有可能的原因也應該是某種荷爾蒙出現異常。除此之外，也有可能是腦部的飽食中樞麻痺，因而導致食慾異常的好。不論原因爲何，都必須要帶往獸醫院接受診療。

如果已經確認肥胖的徵兆就要探究原因

因為肉太多而看不到腰部最細的地方，或是無法確認骨頭所在的位置，就是肥胖的癥兆。有時是因為飼主餵食過多的食物造成這樣的結果，有時則是起因於嚴重的疾病。此外，也有許多疾病是由於肥胖所引起的。所以平時就要測量體重，稍微有點變化就要多加注意了。

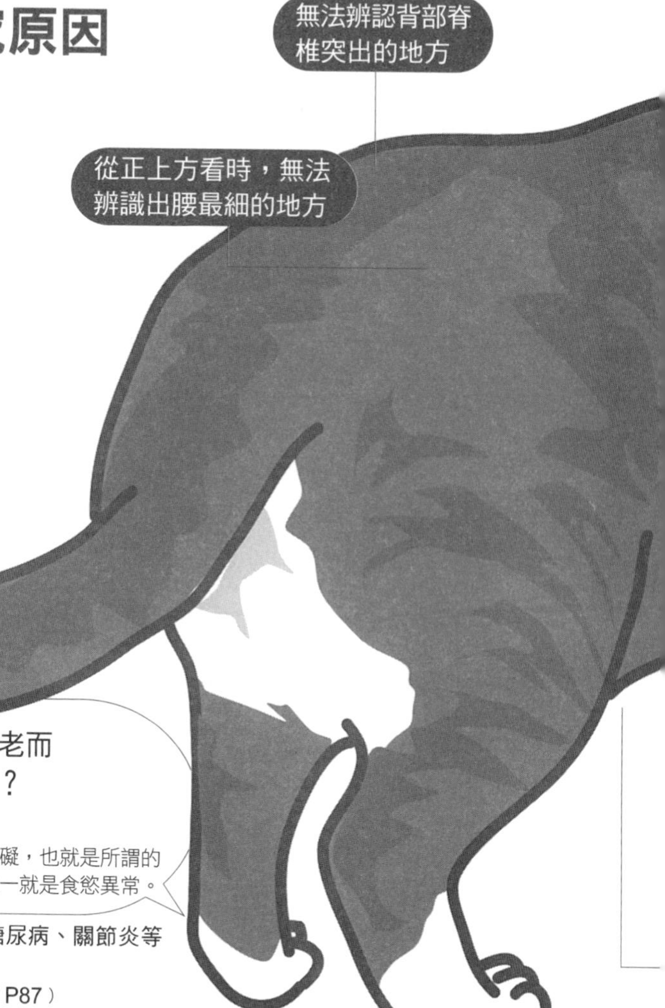

無法辨認背部脊椎突出的地方
從正上方看時，無法辨識出腰最細的地方

是否出現因為年老而反應遲鈍的情況？

痴呆症狀

由於老化引起的腦部障礙，也就是所謂的老年痴呆症，其症狀之一就是食慾異常。

★過胖的貓容易罹患心臟病、糖尿病、關節炎等的疾病。

→請參照「肥胖引起的疾病」（P87）

發燒

蹲伏在陰暗的角落，或是出現呼吸急促的情況，此時就有可能是發燒了。發燒是許多疾病都會出現的共通症狀。如果能儘早辨認出癥兆，就能早期發現這些疾病。

可能的疾病

◎感染症
病毒性呼吸道感染症、貓傳染性腹膜炎、貓愛滋病（貓免疫不全病毒感染症）等
◎寄生蟲症
◎中毒
◎呼吸器官的疾病
咽喉炎、支氣管炎、肺炎等
◎淋巴腫瘤
◎其他
所有伴隨有發炎反應的疾病

如果有2項以上符合的話，就有可能是發燒了

喜歡待在既陰暗又冰涼的地方
呼吸急促
呼！
呼！
一直睡個不停
即使張開眼睛也不想動
尿量減少

體溫上升的話，貓通常會採取蹲伏的姿勢，把腹部平貼在陰暗冰涼的地面上。此外，由於體內的水分會因為發燒而減少，連帶影響到尿量也減少。飼主在察覺到愛貓的樣子怪怪的時候，請把牠抱起來，將手放在腹脇部看看。如果感覺到比平時還熱的話，就有可能是發燒了。

覺得愛貓不知道爲什麼好像沒有精神，也沒有食慾的時候，可以試著摸摸額頭或腹脇部等處，如果感覺到「比平常還熱」的話，就有可能是發燒了。此時請使用保鮮膜包裹體溫計（也可以使用人類用的）的前端，再插入肛門內測量體溫。如果體溫計沾滿了大便，會無法測量到正確的體溫，所以要先將沾到的大便擦拭乾淨，然後再重新測量一次。

貓的正常體溫在三八到三九度之間。如果比三九度略微高一點的話，就是微燒，四〇度以上就要視爲高燒了。發燒多半都是因爲嚴重的疾病引起的，所以必須要立刻帶往獸醫院。

發燒的原因，有病毒感染、細菌感染，以及寄生蟲感染等等。病毒感染就是俗稱「貓感冒」，也會有咳嗽、打噴嚏，以及流鼻水等的症狀。有時也會引發肺炎的情況，是一項不可輕忽的疾病。此外，局部（性器官）化膿的時候，發燒症狀也會時好時壞。即使溫度恢復到正常體溫，也不可就此安心，因爲體溫還有可能會再次升高。

由於發燒一定是某種疾病引起的，即使溫度下降，爲了小心起見，還是必須接受獸醫師的診療。

將體溫計插入肛門內測量

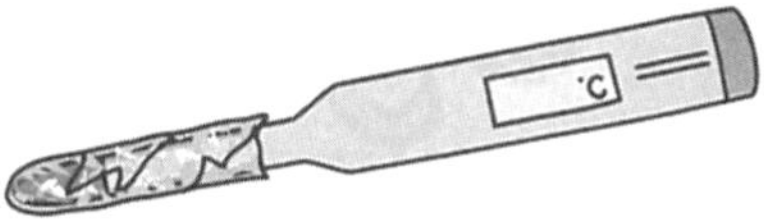

●體溫計

除了使用現在市面上販售的動物用體溫計之外，也可以使用人類用的體溫計。由於水銀的體溫計容易碎裂，建議選擇小孩子用的電子體溫計。如果要與飼主共用的話，最好在體溫計的前端包覆保鮮膜。

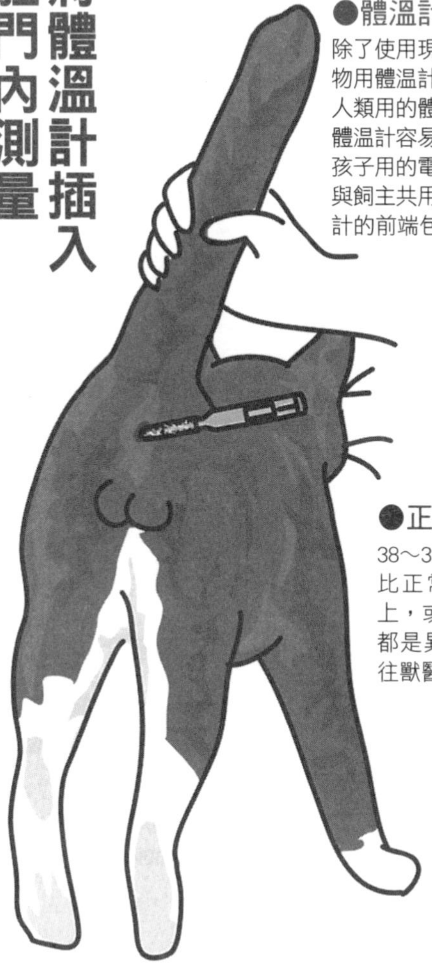

●正常體溫

38～39 度

比正常體溫高 1 度以上，或是比較低的話，都是異常的訊號，請帶往獸醫院接受診療。

●測量方法

貓的體溫是在直腸測量的。將尾根部像是要向上拉起般扶住，如此一來肛門就清楚可見了。接著再將體溫計插入約 2～3 公分之後，以一隻手壓住。如果覺得不易插入的話，可以使用嬰兒油等油脂擦在體溫計前端，再慢慢插入。

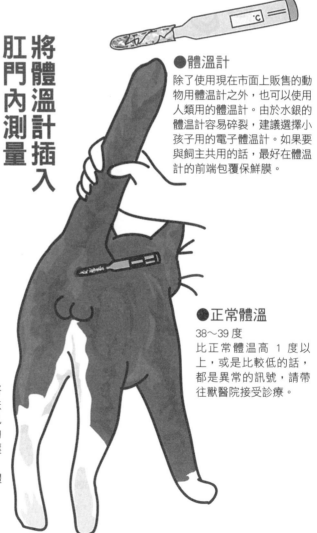

體溫上升的話，呼吸數、脈搏數都會增加

請以注視身體起伏的方式來測量呼吸數

●測量方式

當貓橫躺著的時候，就測量身體因為呼吸而上下起伏的次數，比較簡單的測量方式就是注視腹部或胸部的起伏。

●呼吸數

20～30 次／分

將手放在貓的腹脇部來測量脈搏數

●測量方式

貓的腹脇部有較粗的血管通過。請將手放置在與血管垂直的地方，以 3 根手指頭的指腹輕壓該血管以測量脈搏。

●脈搏數

100～130 次／分

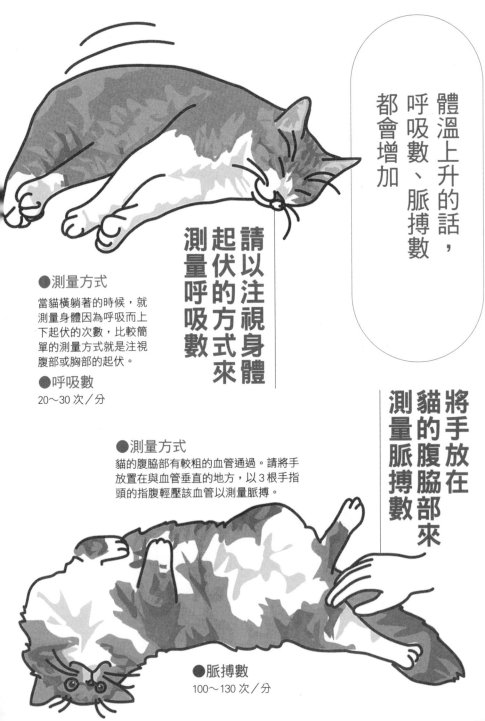

如果體溫降低須注意低體溫症

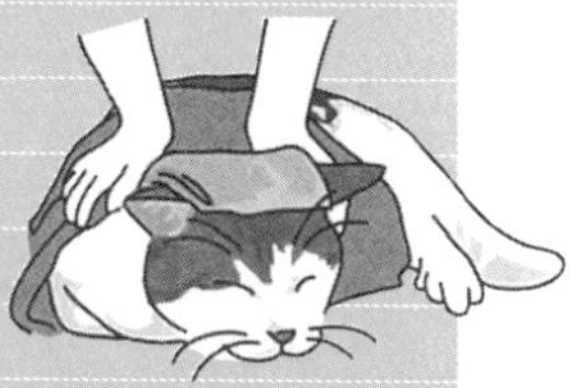

也有跟發燒一樣出現筋疲力竭、呼吸急促、不停發抖、身體冰冷等症狀，但是體溫卻比平常溫度低了 1 度以上的情況，這可能是因為脫水或是營養障礙引起的低體溫症。
此時請立刻以毛巾包裹貓的身體，並且搬移到溫暖的房間，接著請飼主幫貓按摩身體、用熱毛巾包裹身體，以協助體溫上升。但是要特別注意的是急速加溫的話，可能會對內臟產生傷害。

根據發燒的種類推測不同的原因

●**伴隨有打噴嚏或流鼻水的症狀**
可能是罹患病毒性呼吸道感染症之類的傳染病，才會有鼻子出現發炎反應的症狀。

●**持續輕微發燒且腹部鼓脹**
有可能是貓傳染性腹膜炎。雖然不會發高燒，但是會出現腹部鼓脹、打噴嚏，以及流鼻水、腹瀉、嘔吐等症狀。

●**突然發高燒到 40 度左右**
如果突然發高燒到 40 度左右，接著又馬上恢復到正常體溫的話，極有可能是貓泛白血球減少症或是藥物中毒的現象。

使用冷氣或冰枕會有反效果

在已經確定發燒，卻又沒辦法馬上帶往獸醫院的情況下；或者只是輕微發燒的時候，必須要讓貓安靜休息。此時如果使用冰枕讓身體降溫，反而會得到反效果。因為會增加心臟與肺部的負擔，所以請將貓移到無風、室溫穩定的房間，鋪上毛巾等再使其躺臥。每隔 3 小時量一次體溫，再向獸醫師報告，以得到進一步的指示。

流鼻水

由於異物進入鼻子，碰觸到內部黏膜而引發異常時，就會有大量的鼻水產生。此外，從溫暖的場所進入到冰冷場所的時候，也會流鼻水。但是如果看起來不像是暫時性的症狀，就有可能是生病了。

可能的疾病

◎鼻子的疾病
鼻炎、鼻竇炎等

◎呼吸器官的疾病
支氣管炎、肺炎等

◎感染症
病毒性呼吸道感染症、
貓愛滋病
（貓免疫不全病毒感染症）等

◎腫瘤
鼻腔腫瘤

◎中毒

除了流鼻水之外 還有這種症狀的話 就是生病的癥兆

咳嗽以及打噴嚏

伴隨有流鼻水症狀的代表性疾病就是鼻炎。如果罹患鼻炎，就會有咳嗽跟打噴嚏的症狀。

以前爪擦臉

比較神經質的貓會意識到有鼻水流下來，因而會有像要洗臉一般的動作，以前爪來摩擦臉。

貓在睡覺的時候，鼻子是乾燥的，然而醒著的時候則是呈現濕潤的狀態。但是如果持續有流鼻水或打噴嚏的症狀，就是身體出現異常的徵兆。

流鼻水的話，大多是因爲病毒感染症（也就是俗稱的「貓感冒」）。症狀再嚴重的話就會變成肺炎，所以要趕快帶到醫院去。有時則是因爲灰塵引發鼻炎，或是鼻腔裡出現腫瘤等的原因。如果流鼻水的症狀變爲慢性化，就會成爲鼻竇炎，也就是鼻子裡長期蓄積膿的狀態。

貓的食慾是由食物的味道激發起來的，因此當鼻子處於阻塞狀態時，食慾就會減退。所以如果有流鼻水的症狀時，最好給予味道強烈一點的食物。

張開嘴巴呼吸

鼻子塞住或是罹患呼吸器官疾病的時候，就會張開嘴巴呼吸，此時請確認是否有嘶啞的呼吸聲出現。

鼻子塞住了

請拿張面紙放到臉的前方。如果鼻塞情況嚴重、無法以鼻子呼吸的話，面紙就不會搖動。

用面紙擦拭，以確認鼻水的狀態

將面紙貼到鼻子上擦拭鼻水，以調查鼻水的狀態。依據狀態的不同，可以了解疾病的種類、以及進行的情況。

清澈透明的液體

鼻炎的初期階段，雖然冷熱溫差大時也會產生這樣的鼻水，不過應該是暫時性的。

混濁且不透明的黏液

鼻炎的中期，也有可能是鼻竇炎。半張著嘴巴，像在喘氣般呼吸。

摻雜著膿的化膿性黏液

鼻炎、鼻竇炎惡化的話，就會產生這種鼻水。由於細菌或病毒的作用，使得鼻涕變成黃色、白色或綠色等的黏液。

摻雜著血絲的液體

如果鼻竇炎惡化成蓄膿症的話，在噴嚏的刺激下就會出現鼻水中帶有血絲的情況。此外，如果是只有出血的症狀時，就可能是感染症、腫瘤，或是血液方面的疾病。

眼睛顏色與平常不同

貓擁有一雙既大又具透明感的眼睛，如果出現變紅或是混濁的現象，在大多數的情況下，應該是得了結膜炎或是青光眼等眼睛疾病，但是有些其他的疾病，也會出現眼睛顏色改變的情況。

可能的疾病

◎眼睛的疾病
結膜炎、角膜炎、葡萄膜炎、白內障、角膜潰瘍、青光眼等
◎肝臟的疾病
◎過敏
◎感染症

在明亮的地方觀察眼睛

如果覺得眼睛出現異常的話，
請先讓貓坐好，以一隻手像要
抱住貓頭般固定住，然後用另一隻手的姆指及食指，
撥開眼瞼加以觀察。請注意不要讓貓的眼睛接觸到直
射的日光，務必使用室內電燈的照明來觀察。

眼睛的哪個部位出現異常呢？

角膜潰瘍

整個眼球變得白濁，這表示整個角膜都出現發炎的現象。

結膜炎

下眼瞼內側以及眼白的部分變紅，貓會因為癢而不停地揉眼睛。

青光眼

眼球看起來是綠色的，再惡化下去會導致眼壓上升、眼球突出，使眼睛看起來更大。

葡萄膜炎

眼球看起來有點混濁，有時是以感染症的第二種症狀形態出現。

眼瞼炎、眼瞼內翻症

眼睛周圍紅腫，主要原因係來自於打架或事故所引起的傷害。

肝臟的疾病

眼白的部分變黃，這是黃疸的症狀之一，口腔黏膜應該也會變黃。

白內障

水晶體變得白濁，與其說是眼球變白，不如說是只有瞳孔的中心部位變白。

角膜炎

角膜（黑眼球）變得白濁，看得到血管。眼白變紅，有流眼淚、泛淚光的現象。

　貓的眼睛如果比平時變得更白的話，我們可以根據變白的部位來判斷所罹患的疾病。當眼球整個變白的時候，通常是角膜受傷引起發炎反應，所以角膜炎的可能性就很高。此外，如果是瞳孔變白的話，就要懷疑是不是白內障這種眼睛的水晶體變得白濁的疾病，還是眼睛壓力上升導致顏色混濁的青光眼。

　不論罹患的是哪一種疾病，都會造成視力減退，並且有失明的危險，所以必須要趕快接受獸醫師的治療。

　另一方面，如果貓的眼睛變紅，極有可能是灰塵等異物跑進眼睛裡，或是與其他的貓打架導致眼球受傷、充血。如果是打架的話，有許多病例顯示角膜會受到嚴重損傷，所以也必須趕快帶去獸醫院接受診療。

揉眼睛

如果貓不停地揉眼睛，
大多數的原因是眼睛以及眼睛周圍會癢或痛。
有時是因為灰塵等異物跑進眼睛裡，
或是打架傷到眼睛，
還有過敏的反應也會使眼睛受到影響，
而流出眼屎或眼淚。
此外，也有因為視力障礙而揉眼睛的情況。

可能的疾病

◎眼睛的疾病
結膜炎、角膜炎、乾性結膜炎、眼瞼內翻症、葡萄膜炎、白內障、青光眼、視網膜萎縮等

◎感染症
貓傳染性腹膜炎等

如果揉眼睛的話，請觀察是否有流出眼屎或眼淚的情況

貓揉眼睛的話，會有流出眼屎或眼淚，或是眼白變紅的情況，此時請確認是否有受傷。
依據症狀的不同，有可能是各種不同的疾病，但是如果都置之不理的話，就有失明的可能。如果飼主自行判斷後就幫貓點上人類用的眼藥水，反而會讓病情惡化，所以請務必儘早帶往獸醫院接受診療。

先觀察這幾點再去找獸醫師

- CHECK! 眼睛表面是否受傷？
- CHECK! 眼睛邊緣是否有變紅的情況？
- CHECK! 是否有眼瞼腫脹、眼睛變細長的情況？
- CHECK! 左右兩眼的大小是否相同？
- CHECK! 眼睛會由於畏光而變細長嗎？
- CHECK! 眼睛的顏色是否異於平常？
- CHECK! 是否有發燒或打噴嚏等眼睛以外的異常症狀？

波斯貓有許多眼睛的疾病

流淚症是一種因為鼻淚管阻塞，致使眼淚從眼睛溢出的疾病。像波斯貓這類鼻子比較扁的品種，因為臉形的緣故使得眼淚不易流出，所以很容易得到這種疾病。此外，眼瞼內翻症是因為眼瞼邊緣內翻睫毛倒插，因而傷害到角膜的疾病，波斯貓中有先天性眼瞼內翻者的情況亦不在少數。

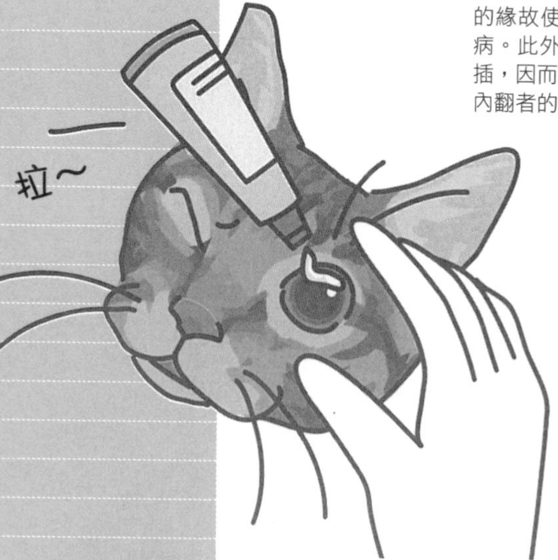

點眼藥的方法

眼藥有二種類型，分別是裝在軟管裡的軟膏以及水劑。水劑是滴在眼睛裡，軟膏則是直接點在角膜上。

首先，以一隻手像要抱住頭一樣固定住。如果直接將軟管從正面拿近，貓一定會閃躲，所以要從視野看不到的斜側邊往眼睛靠近。請留意不要讓軟管的前端直接碰觸到角膜，再平穩地移動將軟膏點在角膜上，最後再以手將眼皮闔上，停留數秒以後就完成了。

眼睛感覺到痛或癢、或者有眼屎、眼淚流出的時候，就會看到貓用前足去搓眼睛，或是藉助其他工具來磨蹭眼睛的動作。會癢或會痛的原因，大多是結膜炎、角膜炎、眼瞼炎等疾病，或是灰塵等異物侵入眼睛，以及與其他的貓打架導致眼睛充血等。特別是當貓在打架的時候，都是使用前爪來相互攻擊對方的身體，所以眼睛特別容易受傷。

貓愈是頻繁地去搓揉眼睛，眼睛就愈容易受傷，反而使得症狀更加惡化。如果置之不理的話，會對視力造成障礙。所以請儘快將貓帶往獸醫院，以便及早治療。

如果無法讓貓停止一再搓揉眼睛的行爲，可以讓牠戴上伊莉莎白頸圈（請參照第一二五頁），這樣就能安心了。

打噴嚏、咳嗽

鼻子的黏膜如果受到刺激，就會打噴嚏。這種情況通常發生在罹患呼吸道感染症或鼻子方面疾病的時候。另一方面，咳嗽是為了去除氣管中的異物而產生的生理現象，是呼吸器官疾病的一種症狀。

可能的疾病

【打噴嚏】
◎感染症
病毒性呼吸道感染症、弓漿蟲症、隱球菌症（Cryptococcosis）
◎鼻子的疾病
鼻炎、鼻竇炎、過敏性鼻炎等

【咳嗽】
◎呼吸器官的疾病
咽喉炎、支氣管炎、支氣管氣喘、肺炎等

【打噴嚏】是否有打噴嚏以外的症狀？

打噴嚏的時候，大多會伴隨有清澈的鼻水流出，造成的原因大多是病毒性感染症或鼻炎等，請觀察除了打噴嚏之外還有什麼症狀，再帶往獸醫院。

是否發燒？

如果是感染症等的疾病，還會有發燒的症狀。

是否還有流鼻水的症狀？

可由鼻水的種類來了解疾病進行的情況。（請參照第 59 頁）

眼睛是否出現異常？

是否也有結膜炎等的眼睛疾病。

是否有嗅到刺激性藥品的可能性？

如果嗅到漂白水等氯化物的刺激臭味，就會打噴嚏。

是否在特定的情況下就會打噴嚏？

接觸到花粉或家塵等會引起過敏的物質，就會打噴嚏。

【咳嗽】表現出來的是哪種類型的咳嗽？

◎腫瘤
胸腔內腫瘤
◎寄生蟲症
貓心絲蟲症
◎骨折◎心臟病

最有可能的是呼吸器官的疾病。依據咳嗽種類的不同，可以了解發生問題的呼吸器官的位置。跟劇烈的咳嗽相比，微弱的乾咳反而比較嚴重，因為病灶可能已經影響到肺部了。此外，如果罹患了心臟病或是感染了心臟的寄生蟲－貓心絲蟲症，由於會妨礙到血液的循環，讓肺部產生負擔，所以會出現咳嗽的症狀。

濕咳

有痰的咳嗽。可能是因為氣管出現發炎反應引起的。

劇烈的咳嗽

喉嚨出現發炎反應所引起的。病毒性的感染症發作時，也會伴隨咳嗽的症狀。

微弱的乾咳

還有一種説法是空咳。會發出嘶－嘶－的沙啞聲音，看起來就像是要吐出來一樣。當疾病侵襲支氣管或肺部時，就會出現這樣的咳嗽。

如果房間的溫度產生急遽的變化，或是有灰塵等異物進入鼻腔裡的時候，貓也會因此而打噴嚏。但是如果噴嚏一直打個不停的話，就要懷疑是不是因爲病毒引起的感染症（也就是所謂的貓感冒），引發氣管、支氣管、肺部等呼吸器官出現發炎反應。就連一直咳個不停的時候，也要考慮可能是這類的疾病。特別是當濕咳時，由於喉嚨有痰，所以有極高的機率會轉變爲重症。此時除了要確認是否伴隨有發燒、食慾不振等其他症狀之外，還要接受專門的治療。

如果咳嗽的時間拖得太久，可能會陷入肺炎或呼吸困難等更爲嚴重的情況。所以只要咳嗽時間持續二天以上，就要趕快帶到獸醫院去接受診療！

流口水

貓即使肚子很餓，也不會發生讓口水流出嘴巴以外的情況。如果有口水從口中流出，或是發出惡臭，大多是由於口腔的疾病。此時請將嘴巴打開，確認是否有潰爛或出血的症狀。

可能的疾病

◎口腔的疾病
舌炎、口腔發炎、齒齦炎、牙周病等
◎消化器官的疾病
誤食異物、食道炎、食道阻塞等
◎下顎骨骨折、上下顎關節脫出
◎腦、神經異常
◎中毒
◎感染症
貓愛滋病（貓免疫不全病毒感染症）
◎中暑

口臭嚴重
由於牙結石附著，或是異物刺入牙齦，出現發炎現象的話，細菌會因此繁殖，而發出惡臭。
牙結石附著
跟乾糧比較起來，如果一直餵食濕的罐頭食物，比較容易有牙結石附著，因而產生口腔發炎或牙周病等疾病。

一般來說，即使有再好吃的食物放在眼前，貓也不會讓口水滴到嘴巴以外的地方。

所以如果有流口水的情況，一定是某方面發生了問題的癥兆。

大多數的情況，都是來自於口腔的疾病，像是牙周病、口腔發炎，或是有異物刺入口腔的某個部位，因而出現發炎反應。除了流口水這樣的症狀之外，還有口臭、牙齦變紅、發炎等等。在罹患疾病之後，貓的食慾就會減退，身體因而衰弱，所以必須要儘早接受獸醫師的治療。

當貓出現口吐白沫的情況時，極有可能是因爲嘴巴吃進了毒物或刺激物品，此時一定要趕快帶到獸醫院去。

協助養成刷牙的習慣

如果能夠從小就養成定期清潔牙齒的習慣，就可以預防口腔疾病。首先，將紗布包覆在飼主的手指頭上。以一隻手像要抱住頭一樣固定住，嘴角上下顎交接處施壓讓貓張開嘴巴，再以手指像在按摩般摩擦牙齒及牙齦，就完成清潔牙齒的動作了。

用柱子摩擦嘴巴

如果覺得口腔會痛或是不協調的話，就會在柱子或地上摩擦嘴巴。

除了口水之外還有這種症狀的話就是生病的癥兆

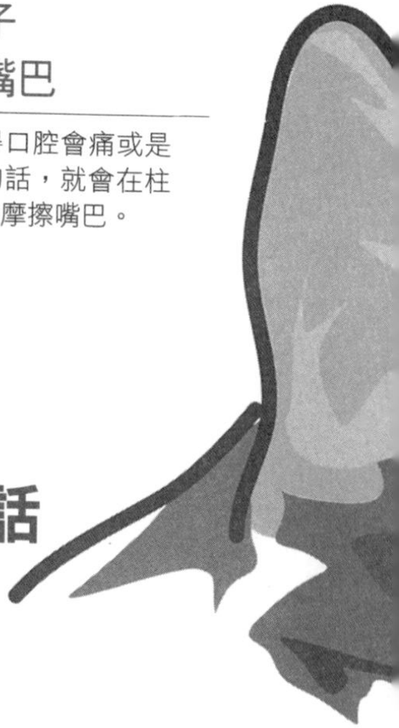

以前足摩擦嘴巴周圍

如果覺得口腔會痛或是不協調的話，也會像要抓嘴巴一樣用前爪摩擦。

無法吃進較硬的食物

因為會痛或是牙齒動搖的緣故，變得無法咀嚼食物。

沒辦法把食物全部吃完

對於嚼食食物感到痛苦，所以往往吃到一半就放棄了。

把嘴巴打開，檢查流口水的原因

●呼吸像在喘氣一般

因為待在悶熱的場所而中暑的貓，呼吸會像在喘氣一樣，也會流口水。

有異物刺入牙齦

如果有異物刺入牙齦，就會流出大量的口水。此外，出現發炎現象的部位會發出異臭。

牙齦腫脹

牙周病、牙齦出現發炎反應的話，會有牙齦腫脹、出血的現象。

口腔黏膜潰爛

罹患口腔發炎或貓愛滋病（貓免疫不全病毒感染症）的話，口腔黏膜會潰爛或出血。

舌頭的顏色與平常不同

舌頭的顏色變得比較白或比較紅的時候，就有可能是舌炎。

●有嘔吐現象

如果誤食異物，或是食道發生異常的話，不但會流口水，還可能會嘔吐。

●吐白沫

中毒、腦及神經的疾病，或者癲癇發作時，會流出白沫狀的口水。

陰部分泌物

母貓要跟公貓交配之後，才會因為所受的刺激而排卵。如果在發情期並無交配的行為，卻有白色分泌物從母貓的外陰部流出的話，可能是罹患了子宮方面的疾病。

可能的疾病

◎生殖器官的疾病
子宮蓄膿症、子宮癌、陰道炎、陰道腫瘤等

如果頻繁地舔著屁股的話就要特別注意

貓平常就會經常舔著自己的身體，以梳理被毛。如果又有分泌物從屁股流出來的話，更會專心地舔個不停。如果母貓頻繁地舔著外陰部，或是沒有發情的跡象，卻有白或黃色分泌物持續從外陰部流出的時候，就有可能罹患了以子宮蓄膿症為代表的子宮疾病。

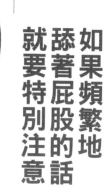

是否還伴隨這樣的症狀呢？

腹部鼓脹，並且大量飲水

子宮蓄膿症

子宮受到細菌感染，引起發炎反應，因而蓄積大量膿的疾病。如果放著不管的話，會因為膿蓄積而使子宮膨脹。

有血從外陰部流出

子宮癌

血從外陰部流出，隨著癌細胞的擴張，腹部會繼續膨脹。

陰道直接突出在外陰部

陰道腫瘤

陰道以翻過來的狀態突出在外陰部。

母貓如果頻繁地舔著外陰部，可能是因爲有分泌物流出的緣故，此時請多加注意觀察。如果罹患子宮內膜炎、子宮蓄膿症等疾病，就會有分泌物產生。又如果貓有大量飲水、食慾減退，或是分泌物中摻雜血絲的話，有極高的機率表示已經生病了。

子宮內膜炎是因爲細菌侵入子宮，引起發炎反應的一種疾病，子宮蓄膿症則是膿蓄積在子宮中的疾病。不論是哪一種，只要病症繼續進行下去，細菌就會擴散到子宮以外的器官，進而併發尿毒症等疾病，如果再繼續惡化，可能就有生命危險了。所以早期發現早期治療，是身體能否恢復的重要關鍵。

第2章

小貓容易罹患的疾病以及日常照顧

（就因為還小所以別忘記要多費心）

小貓成長1年，相當於人類成長到18歲

第 0～2 週

出生後第 4 天開始長出乳牙，眼睛與耳朵大約在 1 個多星期後開始起作用。第 2 個星期起能夠行走，知覺能力也開始發達。

第 5～6 週

運動能力大幅發展，會跑也會從略高的地方向下跳，同時也可以自行控制排泄，從這個時期開始添加離乳食品。

第 2～5 週

好不容易稍微能夠自行調節體溫。大約在 3 個星期後，就能與其他的小貓玩耍，與人類接觸，進而從中學習社會化。

仔細確認小貓的身體狀況

首先，要整理出適合養育小貓的環境。請準備一間安靜的房間，詳加注意當中的衛生以及溫度調節。如果小貓受到病毒的感染，嚴重時可能會有生命危險。保持清潔方面，須注意仔細清掃母貓的便盆，碰觸小貓之前要先洗手等。小貓床舖的溫度約以三十八度最爲適宜，然而在使用小動物專用的暖器設備時，爲了預防低溫灼傷的情況，請將溫度調低一點。

每天測量小貓的體重、觀察尿液、大便等項目。可能的話，請每天記錄體重的變化。小貓的體重幾乎每天都會增加（一天最少會增加五公克），出生後一星期約成長二倍，出生後三星期約爲三倍。如果體重沒有增加的話，可能是母乳的量或質出現問題，也或許是受到疾

第 6 週～2 個月

開始出現警戒心及恐怖心，因此產生自我防衛的本能。小貓之間也會玩鬧纏鬥成一團，變得相當活潑。如果要讓小貓習慣人類社會的生活方式，必須要在這個時期建立起與人類間的信賴關係。

第 2～4 個月

從母貓處學習狩獵以及迴避危險的方法。如果是由人類飼養的話，這個時期是最適合加以訓練的時候。乳齒約在 4 個多月之後更換為永久齒。

病的影響，所以建議飼主向熟識的獸醫師諮詢。大約在出生一個月左右的時候，母貓如果沒有去舔小貓的陰部，就無法刺激小貓排泄，此時飼主可以用面紙給予輕柔的刺激，以促進排泄。另外，飼主如果覺得大便或尿液異常的話，請立刻送至獸醫院接受診療。

哺餵幼貓專用奶粉的方式

請選擇較小的奶嘴搭配奶瓶使用，每次使用過後，務必洗乾淨並以熱水消毒。出生後到三週大為止，只能給幼貓專用奶粉泡製的奶水。先將裝有牛乳的奶瓶放入盛有熱水的碗中加熱，等升高到適當的溫度之後，再輕柔地用奶嘴碰觸小貓嘴巴附近，請注意不要硬將奶嘴塞進小貓口中。出生後一週內約間隔二到三小時哺餵一次牛乳，往後再慢慢將哺乳的間隔拉長。

出生50天後，要開始注射疫苗

從母乳得到抗體

從母貓的胎盤接收到抗體

出生 50 天後，就要注射第 1 次的疫苗

三合一疫苗

1 貓傳染性腸炎
2 貓病毒性鼻氣管炎
3 貓卡力西病毒感染症

藉疫苗來提高免疫力免於感染症的侵襲

所謂的疫苗注射，就是將毒性減弱的病毒，以注射或口服的方式注入體內。經由疫苗注射，可以讓體內的白血球數量增加、功能提高，進而由淋巴細胞將病毒轉化爲無害的免疫抗體。雖然小貓會從母貓的母乳（初乳）獲得抗體，但是抗體大約在出生後二到三個月就會消失。由於這個時期的小貓還沒有體力，如果受到病毒感染，恐怕會有致命的危險，因此出生五十天後必須接受第一次疫苗注射，經過三～四週後再接受一次，藉以保護小貓不受病毒威脅。

一般來說，之後只要一年注射一次就可以了，但是根據美國犬貓專門醫學會在二〇〇〇年所發表的論文中指出，可以在一歲生日時注

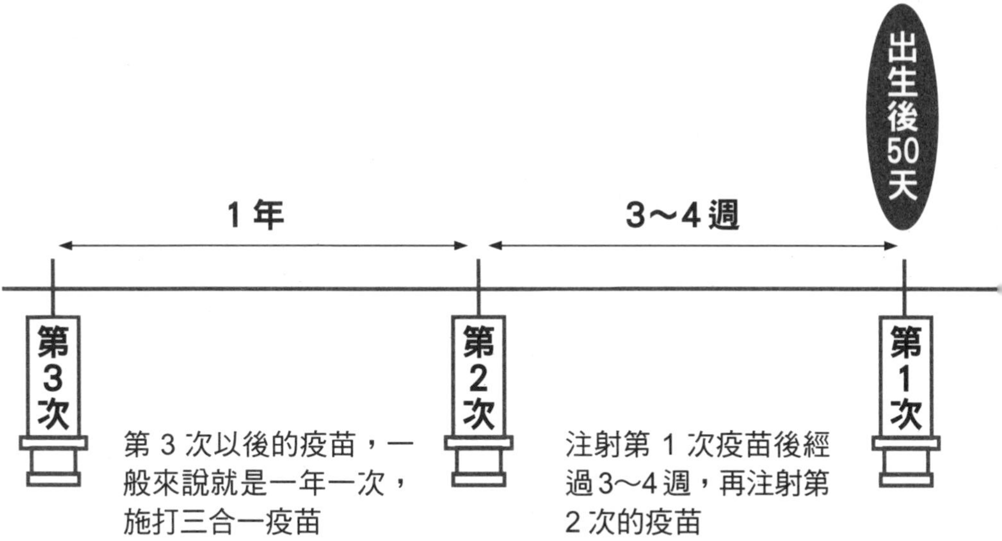
出生後50天
1年
3～4週
第3次
第2次
第1次
第3次以後的疫苗，一般來說就是一年一次，施打三合一疫苗
注射第1次疫苗後經過3～4週，再注射第2次的疫苗

射一次，接下來就只要三年注射一次就可以了，所以請與獸醫師商談後再決定疫苗注射的時程。

現在台灣使用的三合一疫苗有貓傳染性腸炎（貓泛白血球減少症）、貓病毒性鼻氣管炎、貓卡力西病毒感染症這三種，另有四效混合疫苗，就是再加上貓白血病病毒感染症，以及五效混合疫苗，多加貓披衣菌肺炎疫苗。強力建議所有的貓都要接受三合一疫苗的注射，而所飼養的貓如果不會與受到貓白血病病毒感染的貓接觸的話，應該就不需要注射貓白血病病毒感染症的疫苗。

此外，注射疫苗之後，有時會出現過敏性反應或發燒的症狀，或是注射的部位產生硬塊，所以在注射後請仔細觀察小貓的反應，而疫苗的效果要在注射後約二週才會顯現。在效力發揮之前，應該儘量避免讓小貓外出或與其他的貓接觸。

小貓容易得到的疾病與症狀

腹瀉

如果吃得太多就會立即腹瀉

由於小貓的身體發育尚未全部完成，所以很容易腹瀉。如果伴隨著食慾不振、沒有精神、嘔吐、口腔發炎等症狀時，極有可能是受到病毒的感染且發作了，此時必須要儘早接受獸醫師的診療。

如果是在既有精神又有食慾的情況下腹瀉，就有可能是消化不良或吃得過多。牛乳是容易引發消化不良的主要原因，大多數的貓都無法分解牛乳中所含的乳糖，所以請儘量餵食貓的專用奶粉。此外，亦請避免讓小貓吃進超過消化能力範圍的食物。請遵照飼料包裝袋的指示，依照體重個別餵食適量的食物，並且加以觀察。

如果已經遵循上述的作法，卻仍然無法治癒腹瀉，就有可能是細菌性的腹瀉或是寄生蟲所引起，必須要使用抗生素治療。小貓腹瀉的原因主要有沙門桿菌、彎曲桿菌、大腸桿菌。若要預防細菌性腹瀉，最好的方法就是從管理貓食下手。即使是乾糧，壞掉了以後也會有細菌繁殖，所以請保存在陰暗的場所，開封之後也請儘快食用完畢。

有許多貓是因為喝牛奶而吃壞肚子的，所以請餵食貓專用的牛乳。

小貓猝死症候群

由於難產或是先天性的異常有喪命的可能

小貓在出生後不久就死亡的症狀，我們將其統稱爲小貓猝死症候群。這是由於急遽的變化導致死亡的現象，也有不少病例是治療失敗的結果。發生原因非常多樣，但大多是因爲難產的關係（缺氧症或外傷等）、先天性異常、感染症、免疫性的溶血症等。

沒有體力的小貓也會因爲低體溫、低體重、低血糖等因素引發死亡，所以請飼主要費心爲小貓安排一個適當的環境，即使只是發現一點小小的異狀，也要立刻帶到獸醫院接受診療。

先天性異常

請注意懷孕中使用的藥劑或是近親交配

產生先天性異常的主要原因有二，第一是近親交配與遺傳相關的原因；第二則是由於懷孕期間給予的藥劑或是放射性的物質等，對胚胎產生影響。可藉由交配之前先確認血統，特別注意懷孕中的貓隻的健康等方式，做某種程度的保護。

頭蓋骨畸形 因爲顏面及頭部形成不完全而無法吸食母乳，由於治療困難，大多在幾天之內就會死亡。或是在母貓體內感染到貓泛白血球減少症病毒等，因而影響到小腦的發育不完全。

心臟畸形 表現出來的症狀有心室中膈缺損，瓣膜形成不完全等各種不同的異常，但可依照畸形的程度進行外科手術。

肛門閉鎖（無肛症） 天生就沒有肛門的出口，導致糞便無法排出，可運用手術做肛門造口。

口蓋裂 在上顎處有個垂直的開口，所以喝進牛乳後會有吐出的現象，或是在離乳時期出現食物從鼻子跑出來的情況。如果不接受外科手術的治療，可能會衰弱死亡。

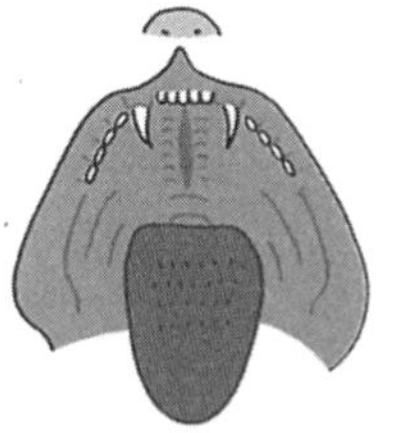

上顎處有個垂直龜裂的異常現象，因為無法完全攝取牛乳導致身體衰弱，必須接受手術治療。

免疫性溶血症

因雙親血型不合而發病

這種疾病是由於母貓初乳中所含的抗體，破壞了小貓的紅血球而引發的。小貓會出現血液凝固、貧血、多臟器功能衰竭等症狀，而導致死亡。所以請事先檢查公貓、母貓的血型，如果可能有不適合的組合情況時，在小貓吸吮母乳之前就要帶離母貓身邊，直到初乳分泌完畢爲止，都要採用人工哺乳的方式餵養。

感染症

透過清潔的環境與疫苗注射來預防

當小貓的行動範圍擴大之後，感染病毒、細菌、寄生蟲等機會就會增加，經常可以看到小貓的眼睛出現眼屎或眼淚，這是因爲受到細菌或病毒（貓疱疹病毒、貓卡力西病毒等）的感染，如果置之不理，可能會有失明的危險。缺乏抵抗力的小貓，不論受到何種病毒感染，都有可能會致命，但是要特別注意的就是，貓傳染性腸炎及貓傳染性腹膜炎。

要預防感染症，最重要的就是將貓飼養在清潔的環境內，以及在適當的時期接受疫苗注射，然而也有不少的病例是透過母貓的母乳或美容問題所感染，所以在懷孕之前就要多注意母貓的健康。建議在母貓懷孕之前的一個月，就先完成疫苗注射及糞便檢查的工作。

到小貓出生為止

交配的方法

公貓咬住母貓的脖子，像在騎馬般進行交配。母貓如果同時與多隻公貓交配的話，在 1 次的生產中可能會生出不同父親的小貓。

發情的癥兆

沒有食慾、喜歡與人親近，走路時會出現把腰放低、屁股抬得高高的，或是緩慢地扭曲身體，也會以獨特的音調鳴叫，讓人難以入睡。

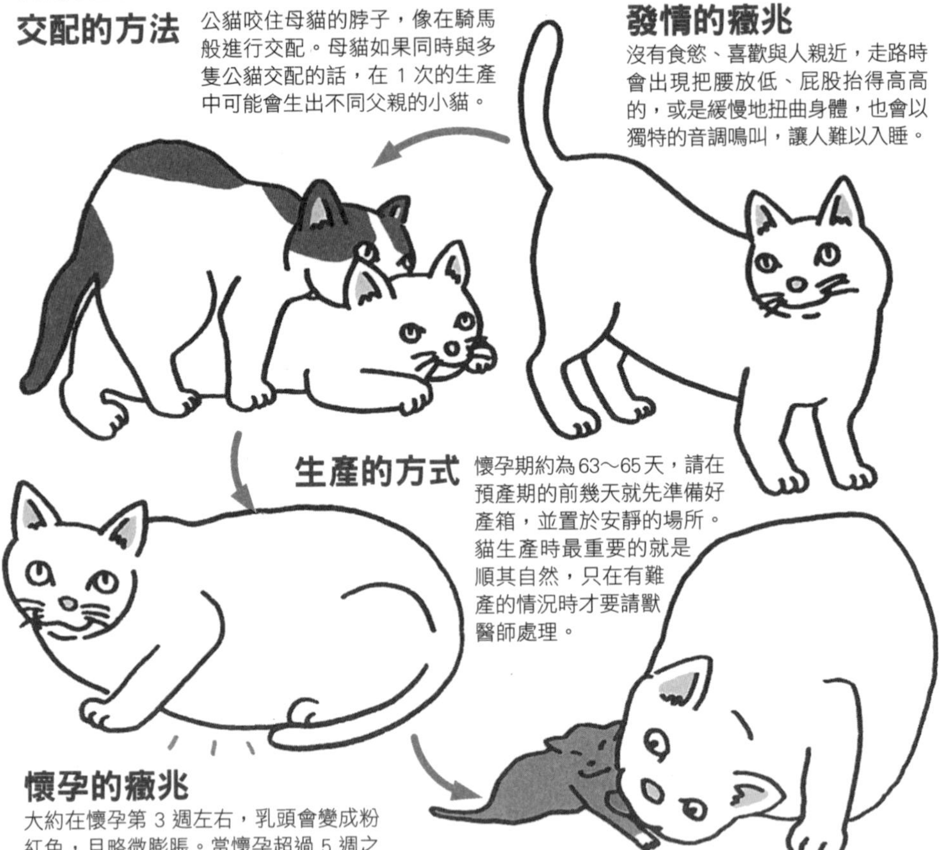

生產的方式

懷孕期約為63～65天，請在預產期的前幾天就先準備好產箱，並置於安靜的場所。貓生產時最重要的就是順其自然，只在有難產的情況時才要請獸醫師處理。

懷孕的癥兆

大約在懷孕第 3 週左右，乳頭會變成粉紅色，且略微膨脹。當懷孕超過 5 週之後，就可以清楚看到突出的腹部。

生產的時候 請與獸醫師保持聯繫

懷孕期間請餵食營養價值高的食物，並且注意不要讓貓承受到壓力。如果貓還是像以前一樣從高處跳下或是鑽進窄小的空間，可能會因此而壓迫到腹部，引發子宮破裂等事故，所以請飼主先檢查四周的環境。懷孕期間如有腹瀉或出血的症狀，可能有流產的危險，必須儘早接受獸醫師的診療。到了懷孕末期，可藉X光或超音波確認所懷的胎數，如果有難產的可能，必須先做好準備，以便隨時可聯絡到獸醫師。生產後如有出血不止、子宮從陰道跑出等異常，就要立刻接受診療。

此外，如果不是非常想要讓母貓生產的話，就請接受絕育手術吧！此舉除了可以減少棄貓的數量之外，還可預防乳房腫瘤及子宮蓄膿症等與雌性內分泌相關的疾病。

第3章

高齡貓容易罹患的疾病以及日常照顧

即使上了年紀也希望還能健健康康

貓老化的8項癥兆

1 行動變得遲鈍

隨著身體的老化，貓的行動會逐漸變得遲鈍，睡眠的時間則會增長。如果走路的方式看起來怪怪的，或是搖搖擺擺的話，有可能是脊椎或關節發生問題，必須接受獸醫師的診療，也有因爲視力減退而使行動範圍變小的情況發生。此時請觀察貓的眼睛狀態，如果眼睛變得白濁的話，請找獸醫師諮商改善方式。

2 爪子長得太長

爪子直接伸了出來，沒有縮到腳底的肉墊當中，也是老化的癥兆。這是由於貓不太磨爪子，使得爪子長得太長，因而深入手指及手掌的肉球中。所以請飼主多費心，記得要每週剪一次爪子。

3 牙齒掉落

牙齒衰弱的原因，以牙結石造成的原因居多。牙結石是因爲齒垢堆積造成的，所以從小就要養成清除齒垢的習慣。如果嘴巴發出嚴重的口臭，牙齒根部變得黃黃的，就是齒垢。請將紗布包覆在手指上摩擦，如果仍舊無法去除的話，必須要請獸醫師處理。

4 被毛沒有光澤

最明顯的就是從鼻子到嘴巴周圍的毛都變成白色。鬍子既不像年輕時呈針狀，全身的被毛也失去光澤，變得有點粗糙。

老化的影響，是家貓才有的問題嗎!?

據說動物的老化，是從性功能成熟後開始，也有一說是從體力到達顛峰之後才開始的。

通常大約是從十歲左右開始，會出現牙齒掉落、嘴巴周圍的毛變白等老化的癥兆。據說貓的平均年齡是十二～十三歲，但是近年來也增加了許多活到二十歲左右的長壽貓。根據金氏紀錄記載，曾經有一隻貓活到三十六歲。

老化的速度及壽命，雖然會依個體而有所不同，但是有人認爲生活環境及食物的差異，也會產生極大的影響。最近則因爲貓食的品質提高，再加上獸醫學的進步，讓貓的平均壽命一年比一年延長。順帶一提的是，據說野貓的平均壽命爲四～五年，所以老化的問題，可說是被飼養在良好環境裡的健康貓隻所獨有的問題。

貓的一生對照表

1 個月	1 歲 
3 個月	5 歲
6 個月	10 歲 
1 年	18 歲 成貓
2 年	30 歲
3 年	40 歲
4 年	45 歲
5 年	50 歲 
10 年	70 歲
15 年	80 歲
20 年	90 歲
25 年	100 歲
30 年	110 歲

5 腦及神經衰弱

老化的程度再進展下去，不但耳朵、鼻子的感覺會喪失，就連記性也會變差，而變得神經質。另外，也會忘記自己已經吃過飯這件事，而再三催促飼主趕快餵食，或是忘記便盆擺放的位置，而發生隨地大小便的行爲。

6 肌肉減少、脂肪增加

全身的肌肉失去張力，脂肪量增加，身體變得肥胖。另外，由於腹部鬆弛，就連行動上也看不到以前的瞬間爆發力。

7 不再梳理被毛

不再像以前那樣在意一點點的髒污，由於皮屑及脫毛的情況增加，所以請飼主不要忘記每天幫貓梳毛，並且擦拭眼睛及口唇周圍，肛門的髒污及眼屎、口水也會增加。

8 開始有偏食的跡象

上了年紀之後，吃東西的喜好可能會改變，或是對食物的好惡出現非常明顯的區別。有時也會有看到新的食物卻完全不感興趣的情況發生。

隨著老化的進展，不但會有行動遲鈍、被毛光澤變差等外觀上的癥兆，就連內臟疾病也會增加，所以請飼主多加費心仔細觀察，再配合獸醫師的健康診斷。

高齡貓的疾病，幾乎都是因爲年輕時的偏食習慣引起的。如果飼主平日就注意營養管理與健康管理，應該就能夠將貓隨著老化所引發的各種問題，控制在最小的限度內。

為高齡貓打造的食物與環境

1 控制食物的熱量與鹽分

為了防止肥胖，必須要減少蛋白質以及脂肪的攝取，並且餵食已經控制過熱量的食物。目前市面上已在販售高齡貓專用的食物，所以可以直接加以利用。當貓表達肚子還會餓的時候，飼主可以添加切碎的生蔬菜，以增加食物的份量。如果一次吃不完所有份量的時候，也可以改為一天內吃 3～4 次的方式餵食。此外，鹽分會對心臟及腎臟造成負擔，所以請飼主留意攝取量。

2 給予充足的新鮮水分

上了年紀之後，由於不太常喝水，因而出現引發脫水症狀的情況。所以請飼主經常準備充足的新鮮水分。多喝水也與消除便秘有極大的關係。對於不太喜歡喝水的貓，給予罐頭食品會比乾糧更能夠補充水分。

為愛貓創造無障礙的環境

高齡貓的視力及運動能力，都會隨著年齡的增長而逐漸衰退。年輕時只要輕輕一跳就可以到達的地方，現在卻是不管怎麼努力跳都會掉下來。此外，骨頭及關節的功能減弱，所以只要從稍微有一點高度的地方掉落下來，就很容易造成骨折。由於年老以後骨折不容易痊癒，所以希望飼主能夠多加小心注意。如果需要接受手術治療，因施行麻醉而帶來危險的機率也相當高。

爲了愛貓著想，請思索如何減少家中的高低差，並且注意不讓貓有從窗戶跳脫的機會。特別是住在公寓的飼主，更要特別小心別讓貓從陽台上掉下去。

3 既溫暖又安靜的床鋪

高齡貓非常不耐寒。由於睡眠時間增加，所以請在日照良好的溫暖場所布置一個舒適的床鋪，夜間則用電暖器來保持溫暖。又因為貓的視力減退、骨頭功能也減弱，所以床鋪要儘量放置在較低的位置。如果愛貓喜歡高的地方，可以另外為牠準備一個容易攀爬的台子。此外，為了防止長期臥床的貓長褥瘡，要常幫牠變換身體的位置。

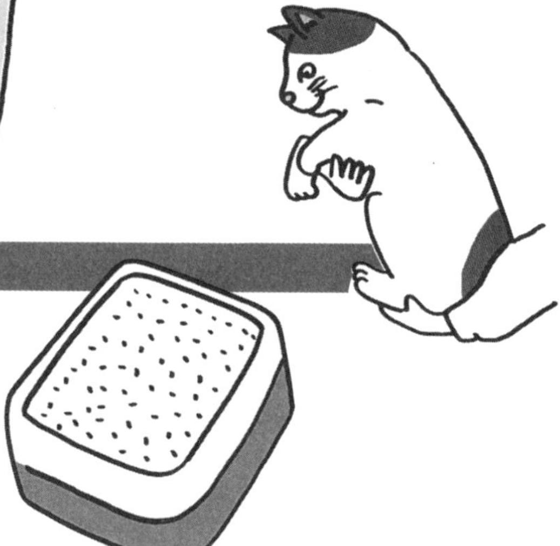

4 四處放置便盆

隨著老化程度的進展，貓可能會發生忘記便盆的位置，或是雖然知道位置，卻來不及移動到該處的情況。所以除了一定要在貓的床鋪附近準備一個便盆之外，也可以在數個場所放置便盆，或是預估貓想要方便的時間，再將牠帶到便盆去排泄。

為什麼貓在臨死之前會消失不見呢？

我們經常可以在一些隱密的場所，像是儲藏室的角落等處，發現貓的屍體。所以從以前就流傳著「貓在預知自己的死期後就會消失不見」的說法，但是實際上，貓並不可能預知自己的死期，一般認為貓應該是因為生病的緣故，由於感覺到身體虛弱，便藏身在安靜的角落，沒想到在靜靜地過日子中就死去了。

為了愉快度過老年生活所做的照護

先將食物拿到鼻子前面

上了年紀以後，由於視覺及嗅覺的功能減弱，會變得不知道食物到底放在哪裡，此時飼主可以先將食物拿近貓的鼻子前面。

沒有食慾或是不想再繼續吃的時候，可以掐住脖子的後面使其張開嘴巴，再用湯匙餵食液體食物。請注意必須少量地置於舌頭上，以免食物進入氣管。

請準備液體食物以方便進食

好好地仔細用心照顧吧

貓在上了年紀之後，就變得不太會自己梳理被毛，所以請飼主多費點心，除了每天幫愛貓梳毛之外，當屁股沾到髒污時也要幫牠擦拭，同時也請不要忘記定期修剪指甲這件事。另外，由於眼屎也會有增加的情況，在小心將之去除的同時，如果發現到黃色或綠色的眼屎，就有可能是生病了，此時請洽獸醫師諮詢。在梳毛的時候，除了要以溫柔的語氣與貓溝通對話之外，也要仔細觀察愛貓的健康狀態。

高齡貓的活動量也會變少，飼主如果就這樣置之不理的話，對貓也不好。所以有一個讓貓活到老的秘訣，就是飼主每天花一點時間跟牠玩耍。身體保持活動的話，不但可以消除壓力，也能夠增進食慾。

藥錠的餵食方式

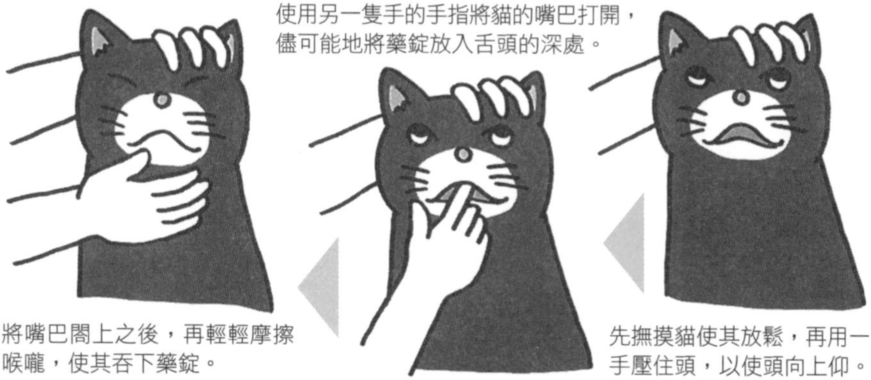

先撫摸貓使其放鬆，再用一隻手壓住頭，以使頭向上仰。

使用另一隻手的手指將貓的嘴巴打開，儘可能地將藥錠放入舌頭的深處。

將嘴巴闔上之後，再輕輕摩擦喉嚨，使其吞下藥錠。

藥水的餵食方式

從下巴下方扶住，以使頭部略微上抬。

將滴管由犬齒的後方插入，再慢慢將藥滴入。

將鼻頭略微向上抬起，請用手將臉固定一段時間。

藥粉的餵食方式

用手壓住頭的同時，亦將臉頰拉向外側，以將嘴巴打開，接著快速地將藥餵入。

此外，如果因爲覺得貓一直躺著很無聊，而飼養其他小貓或幼貓的話，極有可能對高齡貓造成壓力。因爲高齡貓適應環境變化的能力也隨著年齡的增長而減退，光是玩心旺盛的小貓在身邊走來走去，就會讓牠感到壓力，所以請儘可能地讓貓安靜地度過餘生。

高齡貓容易罹患的疾病

腎臟病

高齡貓容易罹患的疾病當中，排名第一的就是腎臟病（慢性間質性腎炎或慢性腎功能衰竭）。症狀有體重減輕、多喝多尿、食慾不振、口臭、牙齦發炎、貧血等。主要是由於食用蛋白質過剩的食物導致體內的礦物質失衡，使得血液中有害的老舊廢物增加，可透過改善飲食的方式延遲疾病的進展。

心臟病

隨著老化的進展，也很容易罹患心臟病（心肌症）。

顯現出來的症狀相當多樣，像是呼吸困難、胸部或腹部積水、後足麻痺等。

發病原因有可能是遺傳、維他命E不足，或是病毒感染等。依照目前的醫學現狀，這種疾病的治癒機率並不高。

肌肉與骨骼的疾病

全身肌肉、骨骼、關節的機能減弱，而關節炎又是特別容易罹患的疾病之一。

常見的症狀有拖著腳行走、無法控制手腳等。目前並無有效的治療方法或預防方式，但是有能夠緩和關節疼痛的藥物，可以藉由到獸醫院就診的方式取得處方箋。

便秘、排尿障礙

年紀增長之後，經常會出現便秘的情況。此時可以在食物中添加生肉、牛乳，以及橄欖油等，會有相當程度的幫助。

此外，如果有無法排尿，或是排尿感到痛苦的情況時，極有可能是泌尿道有結石等重大障礙。

這種疾病常見於公貓，所以除了平時多加注意外，也必須定期接受尿液檢查。

癌（惡性腫瘤）

上了年紀以後，最容易得到的癌症有淋巴腫瘤以及乳癌。飼主如果發現愛貓有精神不佳、食慾不振、嘔吐、腹瀉、乳房腫脹等現象，務必要向獸醫師諮詢。早期發現的話，就能夠以手術或放射線治療等方式來治療，如果放任病情惡化，會讓治療變得非常困難。此外，乳癌大多好發於未施行絕育手術的貓隻，由於多為惡性且不易發現，所以要特別留意。

痴呆症狀

上了年紀之後，由於腦部功能也隨著老化，所以會罹患類似人類老年痴呆症一樣的疾病。如果開始出現痴呆現象的話，就會有對食物不感興趣，或是不在便盆內排泄等情況。通常病情發展到這種程度時，大多還會併發一些其他的內臟疾病，所以必須要定期到獸醫院接受檢查。

牙齒與口腔的疾病

貓本來就是容易有齒垢堆積的動物，如果沒有從年輕就好好照顧的話，很容易就會得到牙周病等口腔疾病。出現的症狀有口臭、流口水、食慾減退等。如果置之不理的話，會有牙齦腫脹、疼痛、牙齒脫落等症狀出現。所以從年輕時就要經常帶到獸醫院，由獸醫師去除牙結石，以便預防。

甲狀腺機能亢進症

這是由於甲狀腺體變大，或是甲狀腺荷爾蒙分泌過剩所引起的疾病。如果觸碰喉嚨時摸到甲狀腺有肥大的顆粒，就有可能罹患了甲狀腺機能亢進症。

會出現行動異常活潑，或是吃得多、多喝多尿、嘔吐、腹瀉、體重減輕、黃疸等症狀，可經由甲狀腺手術加以治療。

第4章

肥胖引起的疾病

飽食的時代，必須預防現代病

請留心注意萬病的根源——肥胖

測量體重的方法

先抱著貓站在到體重計上，接著飼主再量自己的體重。將合計的體重減掉飼主的體重，就可以得到貓的重量。對於 2 公斤以下的小貓，如果能用人類嬰兒用的體重計來量是最好，沒有的話，也可以使用料理用的磅秤。

將貓放在盤子或籃子裡，放到體重計上，接著再量盤子或籃子的重量。將合計的重量減掉盤子或籃子的重量之後，就可以得到貓的體重。如果貓亂動的話，也可以嘗試使用外出籃。

肥胖會對心臟及呼吸器官造成莫大的負擔

貓如果變胖的話，最先受到影響的就是運動能力減退。不但無法自由地來去高處，身體的柔軟度也會變差。如果因爲上述原因而使運動量更加減少的話，肥胖的程度將更爲嚴重，然後就一而再、再而三地陷入惡性循環當中。隨著肥胖程度的增加，不但身體容易感到疲倦，也會對心臟以及呼吸器官造成負擔，而且容易罹患糖尿病或肝臟的疾病。此外，體重增加也會對關節及韌帶產生負擔，因而引發關節炎等疾病。更有甚者，如果有因爲疾病或受傷而需接受手術治療的情況時，會因爲麻醉難以生效，導致治療困難的情況發生。即使是人類也會出現相同的情況，所以肥胖可說是萬病的根源。

確認體型

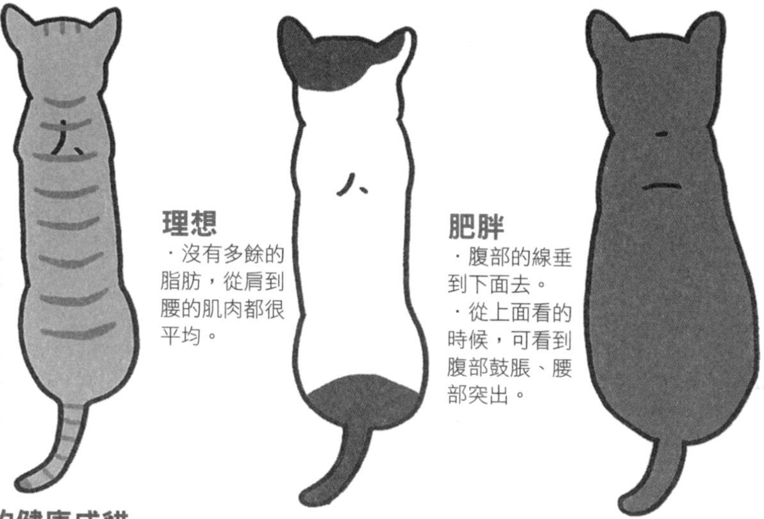

過瘦
・撫摸身體時，會感覺到骨頭凹凸不平。
・從上面看的時候，可看到腹部是凹進去的。

理想
・沒有多餘的脂肪，從肩到腰的肌肉都很平均。

肥胖
・腹部的線垂到下面去。
・從上面看的時候，可看到腹部鼓脹、腰部突出。

標準體型的健康成貓

必須的熱量＝（體重×30＋70）×1.2

讓人感到肥胖的成貓

必須的熱量＝（體重×30＋70）×1.0

※此處的體重，指的是理想體型時的重量。如果覺得肥胖的話，就用現在的體重除以 1.15，得到的重量就是目標體重；如果太胖的話，就用現在的體重除以 1.30，得到的重量就是目標體重。（這個算式適用於 2 公斤以上的貓）

資料來源　Japan Heals Colgate Co., Ltd.

肥胖的主要原因，就是高熱量的食物、營養不均衡，以及運動不足。動物本來就是只會攝取自己需要的熱量而已，所以應該是與肥胖無緣的，但是在失去野生的本能之後，就連控制體內平衡的能力也一併喪失了。此外，由於絕育手術，導致內分泌失衡而產生影響的病例也不在少數。不論公貓或母貓，都要記錄手術時的體重，如果之後有增加的傾向，就要開始節食了。

營養需求量　（可能代謝能源約為 1MJ）

蛋白質	15 g	維他命	
脂肪	5 g	A	159 IU
亞麻油酸	0.6 g	D	24 IU
礦物質		E	1.4 mg
鈣	0.39 g	B1	0.24 mg
磷	0.30 g	B2	0.19 mg
鉀	0.3 g	牛磺酸	60~149 mg
鈉	0.02 g	錳	0.24 mg
鎂	18 mg	鋅	2.4 mg
鐵	3.8 mg	碘	0.02 mg
銅	0.24 mg	硒	4.8 μg

參考資料：Waltham 研究所犬貓的最小營養需求量

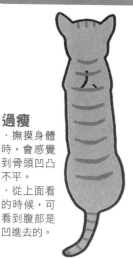

肥胖引起的糖尿病

糖尿病

如果有多喝多尿的症狀就有可能得了糖尿病

症狀

糖尿病的典型症狀，就是多喝多尿。當血糖值升高的時候，多餘的糖分會從尿中排出，但是同時也會將水分一併排出，所以就出現多尿的現象。然後爲了要補充排出的水分，就必須多喝水。所以當血糖值升高的時候，如果水分補充不足，就會引發脫水症狀，飼主必須要多加注意。

更進一步的症狀，有嘔吐、腹瀉、黃疸等，或是由於沒有食慾而變瘦且衰弱不已。如果發現有嘔吐或脫水症狀，卻又置之不理的話，貓就會陷入昏迷狀態，甚至會有生命危險。

肥胖的貓如果有食慾突然急遽減少的情況，極有可能是罹患了與肝臟相關的疾病。

此外，也很容易罹患感染症，也可能引發膀胱炎、外耳炎等疾病。還有一種較少見但也曾發生的病例，就是眼睛變得白濁而喪失視力。

原因

體內的血糖值，是由胰臟所分泌的一種名爲胰島素的內分泌所控制的。如果胰島素的分泌減少，或是因爲肥胖以及壓力等因素，阻礙了胰島素的效果時，就會變成糖尿病。

治療

測定空腹時的血糖值，以及尿中所含糖分的值，如果診斷爲糖尿病的話，就要使用胰島素來治療。

同時還要限制飲食的熱量，以及爲了抑制飯後血糖值變動，必須施行食餌療法。飲食方面，如果不

糖尿病是多數肥胖的貓都會罹患的疾病，如果有急遽消瘦，或是大吃特吃卻沒有變胖的情況，就有可能罹病了。

循序漸進的話，將會產生脂肪肝，所以除了與獸醫師商量之外，還要嚴格地執行熱量控制。

有些情況是需要一輩子都持續接受胰島素治療的，但是也有慢慢減少胰島素的量，到最後就不再需要的病例，或是只要執行食療法的情況。

無論如何，糖尿病的治療，對飼主與貓來說都是需要毅力的。

如果能夠嚴加管理執行的話，很少會有嚴重到致命的情況，甚至有發病之後還繼續存活了五～八年的病例。

預防

糖尿病的預防方法中，最重要的一點，就是預防肥胖。請從貓年輕的時候就開始嚴格管理食餌的質與量，並且整理出易於運動的環境。此外，也必須注意不要讓貓有蓄積壓力的情況出現。

營養失衡容易罹患的疾病

黃脂症

大多數的情況，都是由於食用過多富含EPA及DHA的魚類，導致攝取不飽和脂肪酸過剩的情況。蓄積在貓的腹部以及胸部的皮下脂肪氧化之後，由於酸敗引起發炎反應。只要攝取少量的不飽和脂肪酸就不會發生問題，所以飼主如果能夠餵食營養均衡的食物，應該就不需要擔心了。

維他命A缺乏症

貓無法自行由體內製造維他命A，身體所需的全都要由食物中攝取，所以有偏食習慣的貓，就容易出現維他命A不足的問題。

如果維他命A不足，容易發生皮膚乾燥產生皮屑的情況，有時也會出現脫毛增加的現象。

維他命B缺乏症

由於貓本來就需要大量的維他命B，所以相當容易罹患這項疾病，而且一發病就非常嚴重。初期出現的症狀有食慾不振、輕微嘔吐等，如果放任病情發展下去，容易發生眼睛瞳孔放大、行走時搖搖晃晃，或是無法站立之類的神經症狀。

副甲狀腺功能異常

體內鈣質不足，或是磷的攝取量過剩，使得脖子附近的副甲狀腺功能異常，導致骨頭中所含的鈣質溶解到血液中的疾病。由於骨頭變形，走路的方式會變得不自然，或是出現全身疼痛的情況。所以請飼主平日就要費心注意餵食鈣磷含量均衡的食物。

運動節食大作戰

將櫃子組合起來，擺設成階梯狀。
擺放貓的運動用品。
將玩具吊在用前足站起來也摸不到的地方。
給予球類等貓喜歡的玩具。

跟賽跑比起來 垂直運動較受喜愛

貓在運動時，並不需要可以繞著圓圈跑的寬廣空間。貓喜歡的是垂直運動，即使空間狹小，如果有高低差，或是能夠鑽進鑽出進行探索的場地，就能夠刺激貓的玩心。

在家具的配置上，稍微費點心思做出高低的差別，讓貓可以跳來跳去；或是將幾個紙箱疊在一起，一點點巧思就可以做出貓的遊樂場了。

另外，也可以購買市面上販售的貓用運動器具，或是利用假日試著自己ＤＩＹ一番，也會有不錯的效果。

對於不太願意運動的貓來說，可以使用逗貓棒或繩子，由飼主來逗弄以增加運動量。

此外，可以在貓站起來也無法碰到的高度垂吊玩具，甚至再灑上木天蓼的粉末或貓草，如此一來，大多數的貓都會毫不厭煩地玩個不停。

第5章

傳染病的預防與治療

——守護愛貓免於感染貓愛滋病、白血病等疾病

請留意貓愛滋病與白血病！

何謂感染症？

所謂的感染症，就是由傳染力極強的病毒、原蟲、微生物，或是眞菌等所引發的疾病。這當中必須要特別注意的，就是貓愛滋病以及貓的白血病等由病毒引起的感染症。顯現出來的初期症狀只有腹瀉或感冒徵狀，但是如果情況嚴重的話，也有生命危險。

在流浪貓出沒較多的區域，家貓可能在外出之際受到病毒感染，也有可能被附著在飼主鞋底的病毒感染。然而即使受到病毒的感染，也不一定會發病，因爲有許多的例子顯示，發病的機率似乎與飼養環境及壓力相關。所以在預防方面，最重要的就是飼主必須具備正確的知識。

貓愛滋病（貓免疫不全病毒感染症）

抵抗力減弱 併發數種疾病

症狀

受到病毒感染後大約一個月左右，會開始出現發燒、全身淋巴結腫脹等症狀，但是這些症狀又會自然消失。之後免疫力就逐漸減退，幾年之後，開始出現牙齦發炎、口腔發炎、慢性鼻炎、結膜炎等疾病。這些疾病當中，出現率最高的是口腔發炎，由於口腔內出現潰爛的現象，使得口臭、流口水等症狀更加明顯。貓也會因慢性腹瀉而變瘦。如果病狀繼續惡化，會引發貧血，血液中的白血球數量也因此而減少。此時極容易併發其他的疾病，而死亡的機率也因此提高。

根據經驗，貓愛滋病或貓白血病病毒感染症大多是經由打架轉移的。為了預防感染，還是儘量在室內飼養貓吧！

原因

一般來說，病毒的感染力並不強，如果只是與其他的貓做普通的接觸，並不會受到感染。會受到感染的情況，大部分都是以打架之後留下的傷口作爲途徑。罹患這種疾病之後，病程會分兩個階段進行，病毒首先會破壞體內的免疫系統，使得抵抗力減弱，接著會得到其他的感染症，或是形成惡性腫瘤，但是也有許多貓在受到感染之後並沒有發病，而且非常長壽。

治療

到目前爲止，並沒有可以完全治癒的治療方法，但是可以使用對症療法，也就是藉由抗生素及干擾素（interferon），來減緩併發症的症狀。

預防

想要知道貓有沒有受到感染，只要經由簡單的血液檢查即可得知，所以建議在飼養貓之前就先進行檢查。由於目前尚未開發出這種疾病的疫苗，因此需避免與其他的貓接觸，最好的預防方法就是完全飼養在室內。

貓白血病病毒感染症

潛伏期雖然很長 發病後就會呈現重症狀態

症狀

與貓愛滋病相同，在感染之後二個星期到一個月左右，會出現發燒、沒有精神等初期症狀，經過一段時間之後就會復元。然而在數星期~數年之後，會出現白血病、淋巴瘤腫大、神經症狀等症狀，也有不少危及生命的例子。由於白血球數量減少，使得免疫力降低，得到弓漿蟲症、貓傳染性貧血（血巴東蟲症）、隱球菌症等其他的感染症，因而惡化的例子也不在少數。

原因

貓白血病病毒，除了會經由與其他貓打架的傷口感染之外，如果與已經感染到的貓使用同一個食器進食，或是舔身體，也一樣會受到感染。這是在同時飼養許多貓以及可自由進出的環境中，相當容易感染到的病毒。

治療

到目前爲止，並沒有能夠完全治癒的治療方法，但是可以使用對症療法，也就是藉由抗生素及干擾素，盡可能地延遲病程的進行，請飼主盡力消除貓的壓力來源。此外，由於貓本來就對這種病毒擁有極強的抵抗力，即使受到感染，也能將病毒排出體外，或是尚未發病就已經痊癒，也有許多病例顯示雖然有病毒殘留在體內，卻不會發病的情形。以一歲以上的成貓爲例，研究顯示病毒殘留在體內的機率約爲百分之十。

預防

想要知道貓有沒有受到感染，只要經由簡單的血液檢查即可得知，所以建議在飼養貓之前就先進行檢查。在同時飼養許多貓的情況下，必須將受到感染的貓隔離，並且徹底消毒食器及墊被。目前雖然已經開發出這種疾病的疫苗，然而最好的預防方式，還是斷絕與已經受到感染的貓接觸。

一旦受到傳染，就會很嚴重的感染症

貓傳染性腸炎（貓泛白血球減少症）

感染力極強 症狀會急遽惡化

症狀

主要症狀爲嘔吐、腹瀉，並導致脫水症狀。由於發燒的緣故，會變得沒有精神，甚至會出現劇烈嘔吐的現象，也就是連胃液及膽汁都吐出來的情況。而且因爲白血球數量減少，使得抵抗力減弱，很容易併發其他的疾病。

原因

貓泛白血球減少症在感染到小病毒（Parvo Virus）之後，約三～四天左右發病。這種病毒會從糞便排出，但是由於它的生命力非常強，所以會附著在人類的鞋底再進入室內，即使是長期飼養在高樓大廈，未曾外出過的貓，也可能受到感染。

治療

除了給予干擾素進行治療之外，還要注意水分以及營養的補充。貓感染這種疾病並且痊癒之後，會獲得極強的免疫力，往後將不會再感染到這種疾病。

預防

目前最佳的預防方法爲疫苗注射，三合一疫苗已經將之包含在內。除了在幼貓時期接受二次的疫苗注射外，之後還要定期注射，以維持疫苗的效力。

貓傳染性腹膜炎

腹水或胸水蓄積 嚴重時會有生命危險

症狀

首先會出現精神欠佳、沒有食慾、發燒、腹瀉等症狀，有時肝臟及腎臟功能也會減退，情況嚴重的話，會引發貧血，使得身體急遽衰弱。如果出現水分蓄積在腹部及胸部、身體產生浮腫，或是發生痙攣或麻痺等症狀時，就是生命出現危險的警訊了。

如果罹患了貓傳染性腹膜炎，會有腹水蓄積，所以可以看到腹部異常膨脹的情況。

原因

貓傳染性腹膜炎是由冠狀病毒引起的感染症。冠狀病毒可分爲冠狀病毒性腸炎的FECV（Feline

enteric coronavirus），以及引起貓傳染性腹膜炎的FIPV（Feline infectious peritonitis virus），實際上具有傳染性的僅有FECV。然而有些健康的貓，即使受到FECV感染，也僅會出現軟便病及腹瀉等輕微的症狀，之後就痊癒了。

但是FECV在沒有體力、受到極大壓力的貓身上，有時則會出現變異成FIPV的情況。如果貓對FIPV出現強烈的過敏反應時，就會演變成貓傳染性腹膜炎。

治療

如果有胸水或腹水蓄積的時候，必須要將之引流，並且使用干擾素或免疫抑制劑來治療，但是無法完全治癒。

預防

雖然很希望FECV不會主動感染，但是現實狀況中，即使是完全飼養在室內的貓，體內也常常可以發現這種病毒。所以除了要徹底注意貓用便盆的清潔衛生之外，也必須注意不要讓貓感受到壓力。

營養失衡容易罹患的疾病

最好將貓養在室內，讓新加入的貓接受檢查。

貓的特徵之一，就是非常容易罹患感染症。但是在眾多感染症當中，有疫苗研發出來的數量並不多，所以儘量減少貓受到病毒感染的機會，就是最佳的預防方式。

由於大部分的野貓體內多少都帶有一些病毒，惟有完全將貓飼養在室內，才是預防感染症的根本之道，也可說是最完善的策略。另外，貓是喜好垂直運動的動物，即使室內空間狹小，也可以藉由家具及遊戲道具的配置，來解決運動不足的問題。

即使完全都在室內活動，如果同時飼養多頭的貓，也會增加罹患感染症的危險性。所以務必要讓新加入的成員接受血液檢查，在檢查結果尚未出來之前，請避免讓牠與其他的貓接觸。此外，貓如果到了發情期，會有強行逃離的情況發生，建議飼主讓貓接受絕育手術。

病毒性呼吸道感染症（貓病毒性鼻氣管炎 貓卡力西病毒感染症）

出現咳嗽及流鼻水的症狀 嚴重的話會發高燒

症狀

感染後會出現打噴嚏、流鼻水、咳嗽、口腔發炎、結膜炎等症狀。症狀輕微的話，並不需要特別的治療，大約過三～四天就會痊癒；但是嚴重的話，可能會因爲發燒到四十度以上、沒有食慾，因而衰弱死亡。

原因

貓疱疹病毒以及貓卡力西病毒是造成感染的原因。除了與其他的貓接觸受到傳染外，就連打噴嚏及咳嗽時散布到空氣中的病毒，只要附著到鼻子或喉嚨的黏膜上，也會造成感染。

治療

由於目前並沒有對付病毒的特效藥，所以只能分別針對不同的症狀加以紓緩的對症療法，以及藉由營養劑及食療法，讓貓維持體力。

預防

可以藉由注射疫苗的方式加以預防，但是由於預防率並非百分之百，有時或許會有輕微的症狀出現，然而大致上尚能防止危及生命的情況產生。

弓漿蟲症

食物為主要感染源 也有傳染給人的危險性

症狀

如果是小貓之類的比較不具抵抗力的貓受到感染的話，會出現咳嗽、呼吸困難、伴隨有血便的腹瀉、發燒等急性症狀，嚴重的話可能會有生命危險。此外，即使小貓時期受到感染，也可能不會馬上出現症狀，反而是等到成貓之後又受到感染的時候，才出現慢性症狀。疾病慢性化之後，會出現腹瀉、眼睛發炎、中樞神經障礙等症狀。

原因

這種疾病是由於受到名爲弓漿蟲的原蟲寄生所引發的疾病。如果吃下含有弓漿蟲卵體的食物，或是食入受到弓漿蟲寄生的老鼠或小鳥，就會受到感染。

治療

治療方法主要是採用內科療法，也就是使用抗菌藥物的磺胺劑，但是如果出現腹瀉、眼睛異常、神經症狀的時候，就要採用對症療法，針對各個症狀加以治療。

弓漿蟲的連鎖圖

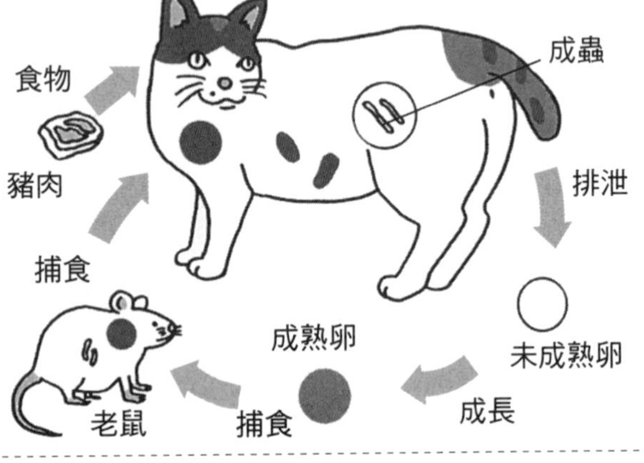

預防

最主要的預防方式就是減少貓與弓漿蟲接觸的機會。如果完全在室內飼養，就能夠減低捕食小鳥及老鼠的可能性。此外，如果孕婦受到弓漿蟲的感染，可能會引發流產，或是危害到胎兒的危險。所以在處理貓的排泄物時，請戴上手套，食用肉品則需完全煮熟，才可以讓人類免於弓漿蟲的感染。

隱球菌症

會出現鼻炎的症狀以及眼睛異常

症狀

會有打噴嚏、流鼻水、鼻子周圍腫脹等症狀出現，如果疾病轉變成慢性化，就會出現食慾減退、身體愈來愈瘦的情況。再惡化下去，頭部及周圍會出現皮膚病，也可能長出數釐米到數公分大的腫塊。此外，雖然非常少見，但是也可能出現眼睛或中樞神經異常的情況。

原因

這是一種受到名爲隱球菌的黴菌感染而產生的皮膚病，由於乾燥的鴿糞中含有大量的隱球菌，由此推斷空氣中必定也存在著不少的菌體，然而健康的人及動物並不會受到感染。如果罹患愛滋病、白血病等疾病導致免疫力減退時，就很容易受到感染。

治療

採用內科療法，也就是使用特殊的抗生素進行治療，而鼻炎、皮膚炎、眼睛及中樞神經的異常則併用對症療法，針對各種症狀加以治療。

預防

由於隱球菌存在於各種不同的場所中，很難有任何有效而確實的預防方法，但是如果可以注意貓的健康，以及嚴格的衛生管理，應該就不會輕易地受到感染以及發病。

貓傳染性貧血（血巴東蟲症）

免疫力降低時會出現貧血、黃疸等症狀

症狀

除了發燒、食慾不振、精神不佳之外，還會引起貧血，而眼睛的結膜或口腔內的黏膜也會變白，有時也會引起輕微的黃疸及呼吸困難。

原因

血巴東蟲（Hemobartonella）是一種體型介於病毒與細菌之間的立克次體，貓在受到感染之後就會發病。血巴東蟲會寄生在血液中的紅血球表面，並且破壞紅血球。根據推測，這種病原體應是透過跳蚤或疥癬蟲作爲媒介。

治療

主要採用內科療法，使用抗生素以及副腎皮質荷爾蒙（類固醇）等藥劑加以治療。

預防

到目前爲止，由於感染途逕不明，所以並沒有確實的預防方法，最重要的就是注意驅除跳蚤以及疥癬蟲。

人畜共通傳染疾病

病名（病原體）	感染途徑	人的症狀	治療、預防
狂犬病（狂犬病病毒）	被咬。	疼痛、頭痛、怕水、對水產生幻覺，最後則會死亡。	台灣已有三、四十年未曾發生狂犬病病例。
貓抓病（立克次體）	被咬、被抓。	傷口出現丘疹、膿、水疱等。約 1～2 星期之後，傷口附近的淋巴結會腫脹且疼痛，並有發燒、頭痛等症狀。	立刻消毒傷口。
結核（結核菌）	直接接觸、空氣傳染。	肺炎、支氣管炎等。	藉由抗生素等來治療，有疫苗。
巴斯德桿菌症（巴斯德桿菌）	被咬、被抓、吃進唾液。	傷口發紅、疼痛、腫脹、支氣管炎等。	避免讓貓的唾液進入口中的親密接觸。
沙門氏症（沙門氏菌）	吃進糞便的污染物。	嘔吐、發燒、腹瀉。	在處理完貓的排泄物之後，以及與貓玩耍之後都要洗手。
彎曲桿菌症（彎曲桿菌）	吃進糞便的污染物。	嘔吐、發燒、腹瀉。	在處理完貓的排泄物之後，以及與貓玩耍之後都要洗手。
皮癬菌症（白癬菌）	直接、間接的接觸。（貓用的床鋪等）	發紅、發癢、皮疹、圓形脱毛症等。	使用抗真菌藥治療。
弓漿蟲症（弓漿蟲）	吃進糞便的污染物。	一般來説並沒有任何症狀，但有時會發燒。如果孕婦受到感染，會有流產、胎兒受到傷害的危險。	使用內服藥及注射方式來治療，處理完貓的排泄物之後要洗手。
隱胞子蟲症（隱胞子蟲）	吃進糞便的污染物。	一般來説並沒有任何症狀，如果免疫力減退時會有嚴重的腹瀉。	處理完貓的排泄物之後要洗手。
貓疥癬蟲症（貓疥癬蟲）	直接接觸、受到從被毛中掉落的蟲體感染。	強烈的劇癢感、起疹子。	使用驅蟲劑治療。
跳蚤過敏性皮膚炎（貓蚤、狗蚤）	直接接觸、受到從被毛中掉落的蟲體感染。	強烈的劇癢感、變紅。	驅除貓身上的跳蚤，徹底清潔房間。
犬疥癬蟲症（犬疥癬蟲）	直接接觸。	起疹子並伴隨強烈的劇癢感。	以藥浴、投藥的方式驅除犬疥癬蟲。
蛔蟲症（貓蛔蟲）	吃進糞便的污染物、附著於體毛的蟲卵。	肝臟腫脹、發燒、咳嗽、關節痛等。雖不常見，但也有失明的病例。	使用驅蟲劑，徹底消毒貓的床鋪等處。
鉤蟲症（貓鉤蟲）	接觸到糞便的污染物，通過皮膚而感染。	皮膚炎等。	服用驅蟲藥。
犬蛲蟲症（犬蛲蟲）	吃進體毛內的跳蚤。	腹瀉、腹痛、腹部腫脹感、食慾旺盛。	使用驅蟲藥驅除蛲蟲，以及擔任仲介角色的跳蚤。

第6章

緊急情況時的急救方法

（溺水的時候、觸電的時候，該如何處理？

溺水

貓對於游泳是非常不在行的，如果溺水的話，吞進去的水可能會跑到肺部。所以在有意識的情況下，要趕快把身體的水氣擦乾，並且保持溫暖；如果是意識不清的話，就必須要把身體倒過來，以便儘快把水從肺部排出；如果有停止呼吸的情況，請施行人工呼吸。

把身體倒過來讓水分排出

以單手抓住後足，空出來的另一隻手撐住身體，讓貓倒轉過來。先維持這種姿勢大約 20 秒鐘，再輕微搖晃到水吐出來為止。

施行
人工心肺復甦術

將手放在前足根部算起大約 2～3 公分左右的內側，以確認心臟是否還在跳動。如果心臟停止跳動的話，要將貓的頭移向自己這一邊，並且使其橫躺。以兩隻手像要夾住貓的身體一般扶住，數 1 、 2 後手指頭用力壓一下，數 3 時再放鬆。確認呼吸是否恢復，再做人工呼吸。

確保氣道通暢，
再做人工呼吸

當呼吸已經停止，而心臟還在跳動的時候，就要進行人工呼吸。先以手壓住貓的嘴巴，並將脖子伸直，以確保氣道通暢，再從鼻子吹進 3 秒左右的氣體，持續吹氣到胸部鼓起，接著再確認貓是否已經能夠自行呼吸了。在貓恢復自行呼吸之前，要一直重複這樣的步驟。

骨折

走路的步履看起來很奇怪，或是無法站立的時候，就有可能是骨折了。此時請先確認是否有骨頭突出、或是出血的情況，並且讓貓以不過分勉強的姿勢橫躺下來。不小心的話會有傷到神經或血管的可能，所以千萬不要隨便移動或是碰觸。根據骨折的種類進行適當的處理之後，再送往獸醫院。

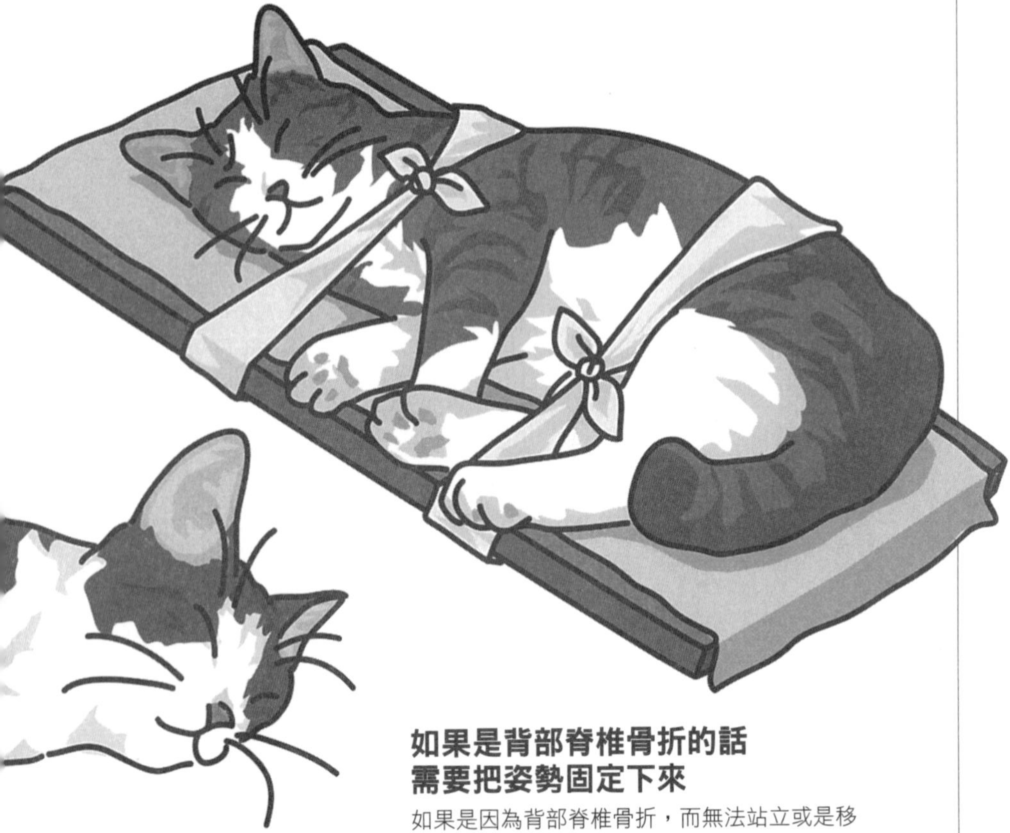

如果是背部脊椎骨折的話 需要把姿勢固定下來

如果是因為背部脊椎骨折，而無法站立或是移動，請取一塊平滑的木板，鋪上毛巾，再讓貓躺在上面。由於更多的動作可能會讓骨頭移動、甚至傷到神經，所以要用繃帶等道具將貓綁在板子上，直接以固定的狀態送到獸醫院去。

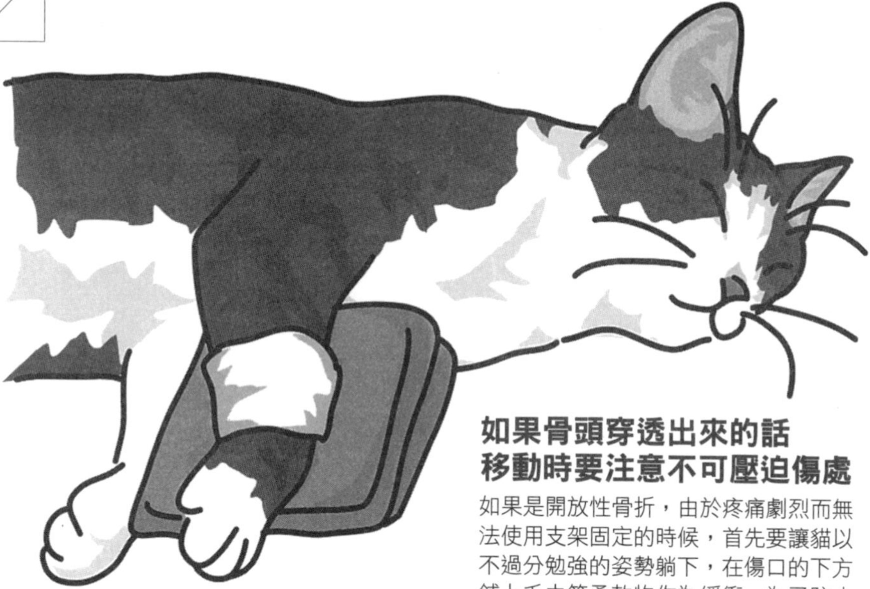

如果骨頭穿透出來的話 移動時要注意不可壓迫傷處

如果是開放性骨折，由於疼痛劇烈而無法使用支架固定的時候，首先要讓貓以不過分勉強的姿勢躺下，在傷口的下方鋪上毛巾等柔軟物作為緩衝。為了防止傷口出血，請敷上紗布。接著再將貓放在平滑的板子上帶往獸醫院，途中請注意不要壓迫到傷處。

四肢骨折要使用 支架固定

四肢骨折的時候，如果沒有骨頭變形、或是穿透出來的情況，可以使用免洗竹筷等棒狀物貼紮起來，加以固定。之後請纏上繃帶來補強，接著再放在平滑的板子上送往獸醫院，移動時注意儘量不要有搖動的情況發生。

出血

由於跟其他的貓打架，或是發生事故等因素，產生外傷並且有出血情況的時候，首先要確認傷口上是否有異物。若有，要先將異物去除之後，再以自來水或雙氧水清洗傷口，之後則用繃帶按壓以便止血。如果有嚴重出血的情況，請在傷口與心臟之間纏繞繃帶加以止血，接著送往獸醫院。

以自來水沖掉細菌

如果有出血的情況，請先確認傷口處是否有異物，若有，要先將異物取出；接著再以自來水或雙氧水沖洗傷口。如果是長毛貓的話，先將患部周圍的毛剪短之後再沖洗，效果會比較好。

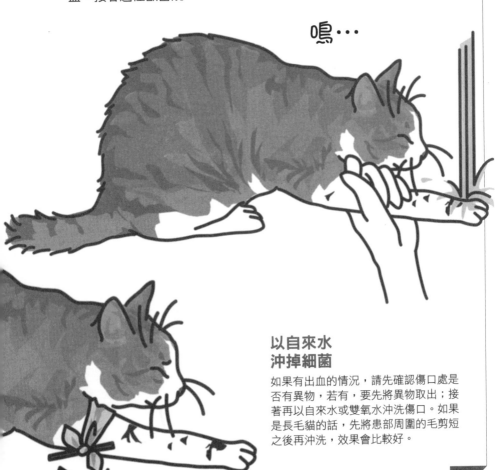

腹部或胸部出血要使用護具來止血

出血的部位如果是腹部或胸部的話，必須先消毒傷口，再用紗布覆蓋在患處以便止血。由於繃帶或布條在這種情況下不太容易止血，所以可以使用筒狀的網袋式護具，或是絲襪等具有伸縮性的東西，將身體整個包覆起來。

出血嚴重的時候要先止血

當出血非常嚴重，光是以紗布按壓也無法止血的時候，可以使用繩狀物來止血。如果出血的部位是足部的話，可以在靠近心臟的部位，以繃帶或布條纏繞之後再打結。接著將免洗竹筷等棒狀物綁在打結的地方，加以扭轉以便勒緊。為了防止細胞壞死，每隔 10～15 分鐘要把結鬆開一次。

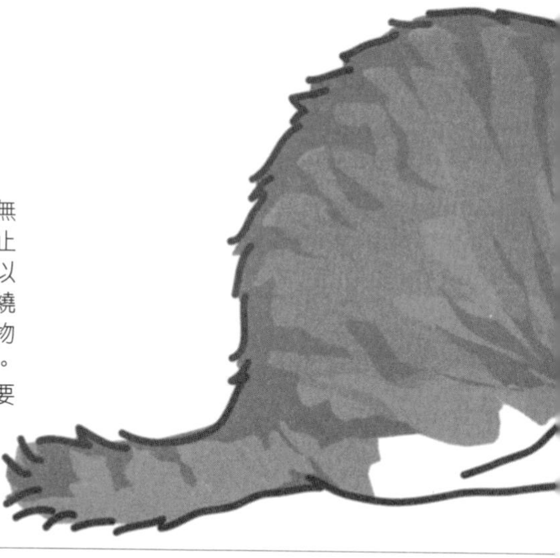

中暑

如果被關在通風不良，或是酷熱的場所，體溫就會急遽上升，造成中暑。如果呼吸變快，並且哈ー哈ー地發出急速喘息聲的話，就要立刻將貓移到涼爽的場所，並且用浸過水的毛巾包裹全身，或是讓貓泡在水中，以降低體溫。

以冰冷的毛巾包覆
或將冰袋放在脖子上加以冷卻

貓如果出現吐出舌頭哈ー哈ー地急速呼吸，或是流口水等情況，都是中暑的症狀。此時請立刻將貓搬移到通風良好的涼爽場所，接著再以浸濕的毛巾包覆全身，或者也可以包著毛巾，直接用自來水沖洗。另外，將冰枕等器材放在脖子後面，也能夠有效地降低體溫。

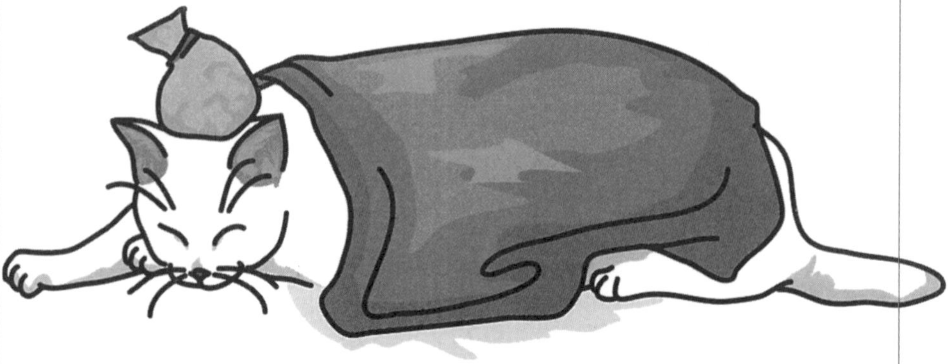

觸電

貓最喜歡玩繩子了，所以有不少的事故，都是發生在貓玩電線的時候，由於電線斷掉，因而發生觸電意外，這種情況常見於好奇心旺盛的小貓。意外發生時，要先拔掉插頭，以免觸電情況持續下去，接著要立刻確認呼吸狀態。

1 拔掉插頭 搬離現場

首先，要將插頭從插座拔掉，以停止電流傳輸。接著請飼主注意在不讓自己也觸電的情況下，使用木片等不導電的器具，將貓從插座附近移開。之後再確認心臟是否跳動、是否還有呼吸。

2 把嘴巴打開以確保氣道通暢

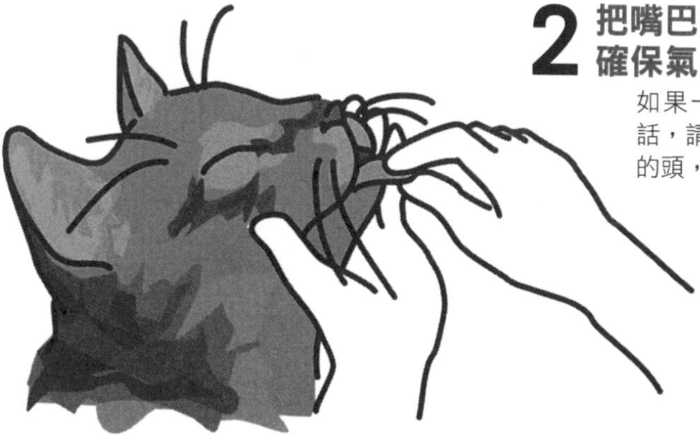

如果一直處於休克狀態的話，請以單手牢牢地握住貓的頭，再用另一隻手將嘴巴打開，拉出舌頭，以確保氣道通暢。如果心臟停止跳動的話，請實施心肺復甦術（P103）；呼吸停止的話，則實施人工呼吸（P103）。

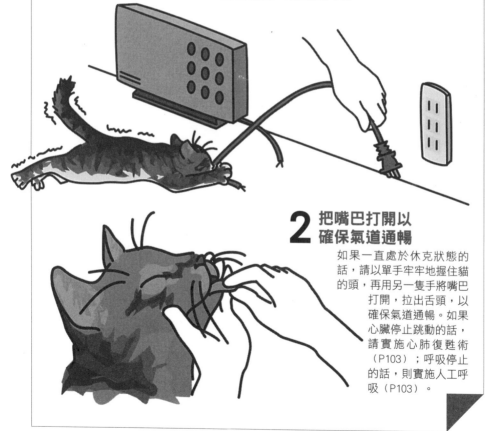

燒燙傷

首先要讓受到燒燙傷的部位冷卻，如果是局部燒燙傷的話，只要在該處覆上濕毛巾即可；全身燒燙傷的話，就要全身都一起沖水。但是請注意如果直接在頭部沖水，可能會讓貓陷入恐慌，所以要用濕毛巾。

全身燒燙傷時 請泡入水中

全身沖水以便冷卻，再以浸過水的毛巾包覆身體，此時可以利用洗臉台等場所進行。如果患部的溫度無法下降，就直接用水沖，但是千萬要注意不要讓水沖到頭部。

局部燒燙傷時 請以冰枕冷卻

如果直接碰觸受到燒燙傷的部位，可能會把皮膚剝落下來。所以要以浸濕的毛巾包覆在患處，再於上面放置冰枕加以冷卻，絕對不要塗抹軟膏等藥品。

被蜜蜂螫到

貓在玩弄會飛的昆蟲時，有可能會發生被蜜蜂等有毒性的昆蟲螫到的情況。此時請立刻將蜂針拔除，並且以冰枕等輔助用品加以冷卻，再帶往獸醫院。有時可能會因為貓對蜜蜂產生過敏反應，而引發呼吸困難或痙攣等現象，這時候也請將脖子擺直，以確保氣道通暢，再送到獸醫院。

1 請以小鑷子等工具將蜂針拔除

被蜜蜂螫到之後，螫到的部位會腫脹，令貓感到疼痛。此時請以小鑷子等工具將刺在身上的蜂針拔除，請小心不要讓蜂針殘留在皮膚中。

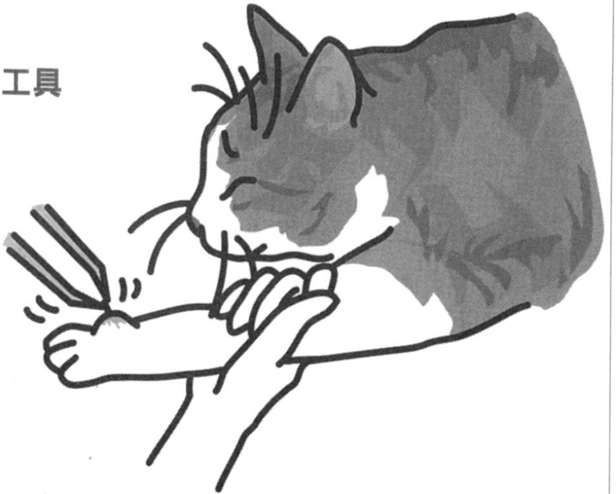

2 將冰枕置於患處以便冷卻

將蜂針拔除之後，為了消除腫脹，請以冰枕等輔助用品覆於患處，以便冷卻。

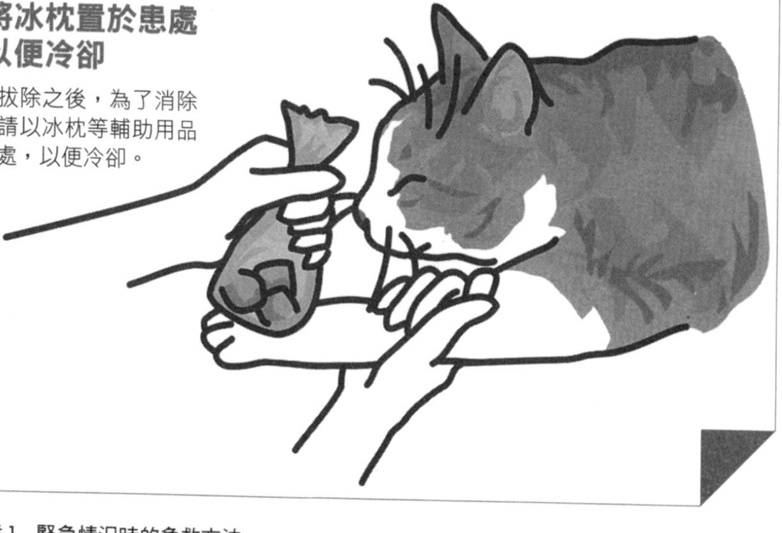

掉落、交通事故

被車子撞到、或是從高處跳下來，卻無法安全地著地時，一定要先確認有沒有外傷或骨折。如果發現有骨折或外傷的情況時，請實施適切的處置（P104、P106）。有時即使外觀看不出有任何的異常，內臟卻很可能已經破裂了，所以無論如何請一定要帶往獸醫院接受診療。

將布鋪在平滑的木板上，再讓貓躺在上面以便運送

首先要確認是否有骨折或外傷，並加以處置。之後，請找一塊既穩固又平滑的木板，鋪上布之後，再讓貓躺在上面。

如果有血從鼻子或嘴巴流出來的話，極有可能是內臟破裂造成的。此時請將血拭去，設法確保氣道維持在通暢的狀況，注意不要有晃動的情形，立刻將貓送到獸醫院去。

陷入恐慌

因為受傷或是突然被帶到獸醫院與平常不同環境時，如果貓因為緊張而陷入恐慌的話，就要牢牢地壓住貓的身體。

握住前肢
用手扶住喉嚨

用你的左手像要把貓夾住一般地抱住。在這種狀態下，可以使用左手緊握貓的左足。同時用右手扶住貓的脖子。

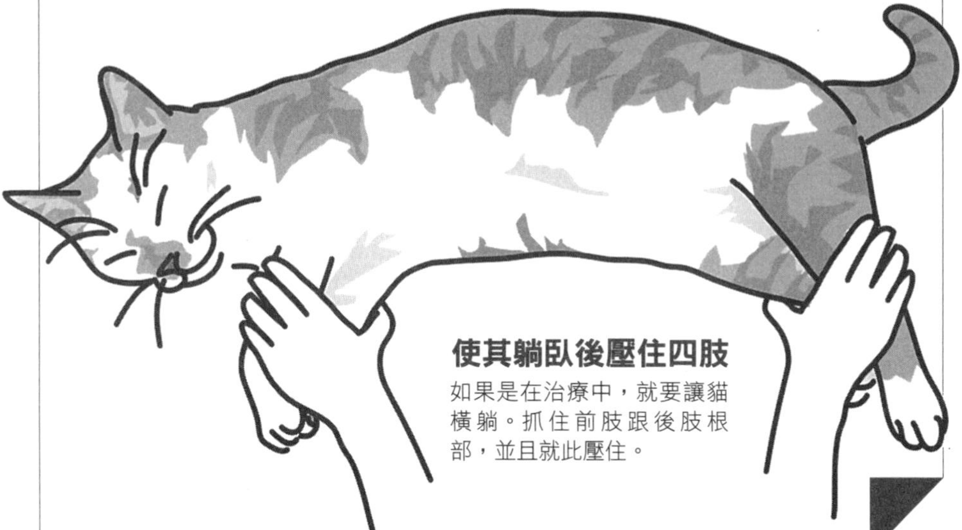

使其躺臥後壓住四肢

如果是在治療中，就要讓貓橫躺。抓住前肢跟後肢根部，並且就此壓住。

吃了會有危險的食物、植物清單

因為好奇心的趨使，貓有時候會吃進被認為是危險的植物或食物。被歸類為危險的植物大約將近 700 種。以下所列舉的雖然只有一小部份，仍請飼主注意不要放在貓會進出的場所。如果不小心吃進口中，由於食物跟植物的處理方式不同，所以請趕快將貓帶往獸醫院去。

危險的植物

非常有害
繡球花
孤挺花
紫茉莉
黑百合
洋地黃
仙客來
石楠
茉莉
菖蒲
瑞香
鈴蘭
杜鵑花
附子
蒟蒻
風信子
一品紅
酸漿

有　害
秋牡丹
杏仁
水松
梅子
月桂樹
櫻草
芍藥
水仙
蘇鐵果實
鬱金香的球根
曼陀羅
魚藤
番茄
南天竹的果實
柊樹
側金盞花
八角金盤
黃水仙

危險的食物

蔥類

洋蔥或青蔥等蔥類，會破壞紅血球，因而引起貧血。

可可類飲料

可能會引起神經性異常。

貝類

鮑魚所含的毒素可能會引起皮膚病。

狗食

貓跟狗所需要的養分是不同的。

富含 EPA 及 DHA 的海魚類

餵食過多的話，營養會失衡，容易罹患黃脂症。

肝

餵食過多的話，會因為維他命 A 過多症而引起骨頭變形。

生蛋黃

含有破壞體內維他命 B 的成分。

牛乳

有些貓無法消化乳糖，因而引起腹瀉。

第7章

疾病的認識與治療

—只要知道這些就可以安心了—

眼睛的疾病

結膜炎

症狀 因為眼屎、充血的緣故，時常搓揉眼睛

結膜炎是眼睛的疾病當中最常見的一種。由於位在眼皮內側的結膜出現發炎反應，導致眼睛出現眼屎、充血、浮腫，以及流眼淚等症狀。由於眼睛會癢，貓就會頻繁地搓扭眼睛，病情嚴重的話，會出現眼睛黏在一起無法張開的情況。

原因與治療 以貓感冒的併發症為多

貓之所以會罹患結膜炎，最主要的就是由於病毒性鼻氣管炎，及貓卡力西病毒感染症等俗稱的「貓感冒」所引起。經由病毒感染，也會有併發二次結膜炎的情況。除此之外，亦有因爲異物進入眼睛，或是搔抓傷而出現發炎的現象。

治療方面，以獸醫師所開的處方眼藥爲主。如果由於傳染性疾病演變成角膜炎的時候，就必須要加以隔離，避免與其他的貓接觸。

角膜炎

症狀 總是淚汪汪的，且有畏光的現象

角膜炎是由於覆蓋在眼睛表面的透明薄膜，也就是角膜，出現發炎反應的疾病。貓因此會有畏光，或是頻頻流淚、眨眼的症狀。此外，還伴隨有疼痛的感覺，所以貓會很想去搓揉眼睛。

如果病症繼續惡化下去，角膜中的細小血管會出現發炎反應，甚至會蔓延到眼球內部。

原因與治療 發病誘因為其他的眼睛疾病

可區分爲兩種情況，分別爲受傷的原因以及疾病的因素。受傷方面，似乎又以和同伴打架而受傷，或是尖刺等異物揷入眼睛的情況爲多。而在以疾病爲原因方面，則經常都是因爲病毒或是細菌引發感染症、結膜炎，以及青光眼等其他的眼睛疾病，而成爲發病的誘因。

治療方面，如果是因爲異物刺入眼睛，就要趕快實施除去異物的手術；如果是疾病的緣故，就要針對疾病加以治療，之後才以獸醫師所開的處方眼藥爲主。

眼瞼內翻症

症狀

會傷害角膜 有時也會產生腫瘤

這是因爲眼瞼向內翻所造成的疾病。由於睫毛隨著眼瞼一起向內翻，所以會傷害到角膜，有時也會出現腫瘤的情況，眨眼睛的次數以及流眼淚的頻率都會增加。

原因與治療

透過手術讓內翻的眼瞼恢復原狀

眼瞼由於某種因素受到傷害，在傷口收縮的時候，或是得到結膜炎等眼睛疾病的時候，就會引發眼瞼內翻症。此外，先天性的內翻情況雖然比較少見，但是卻常見於波斯貓的身上。如果角膜已經出現腫瘤，首先要針對腫瘤加以治療，接著再以手術來改善內翻的眼瞼。

青光眼

症狀

眼睛變成綠色或黃色 也可能惡化成突眼症

一般來說，貓的瞳孔在明亮的地方會縮小成狹長狀，但是如果罹患青光眼的話，不論身在何處，瞳孔都會處於張開的狀態，而且眼睛的顏色會變成綠色或黃色。如果放任疾病繼續進展下去的話，眼睛會變得大而突出，就像牛眼一樣，此時可能會有失明的危險。

原因與治療

早期發現就能夠降低失明的危險

眼球內部的機制，會將多餘的水分排出，以將含水量維持在一定的狀態。如果因故失去平衡而無法排出多餘的水分時，眼壓會升高而形成青光眼。此時可採用二種方式治療，分別爲因應症狀使用的內科療法以及實施手術。

眼睛的構造

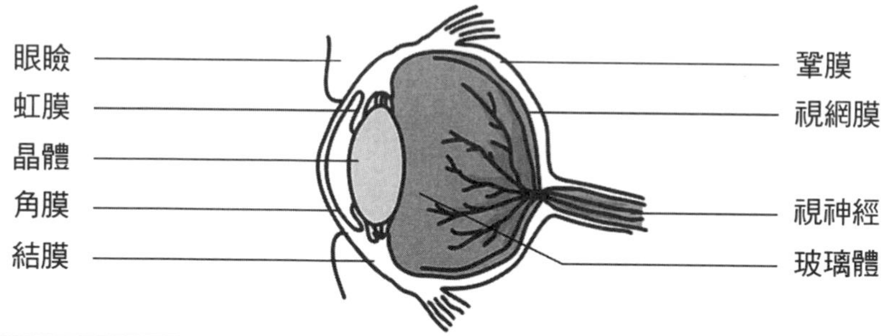
眼瞼
虹膜
晶體
角膜
結膜
鞏膜
視網膜
視神經
玻璃體

白內障

症狀 瞳孔變得白濁 視力減退

白內障是一種位於瞳孔內部的水晶體變得白濁的疾病。平常應該是黑色的瞳孔變成白色，而且比平時大。由於視力顯著地減退，因而時常會碰撞到東西。跟狗比起來，並不算是經常發生的疾病。

原因與治療 打架造成的外傷及異物為主要原因

絕大部分的病例，都是由於與其他的貓打架，或是尖刺等異物揷入眼睛，使得水晶體受到傷害。此外，眼睛出現發炎反應或青光眼等其他眼睛的疾病，也可能引發白內障。可以使用內科療法延緩疾病的進展，但是若要完全治癒，則需借助手術。

淚水過多症

症狀 眼淚流個不停 反覆眨著眼睛

正如病名所顯示的，就是眼淚不停地從眼睛溢出的疾病。由於眼淚刺激到角膜或結膜，使得貓出現畏光的症狀，因而反覆眨著眼睛。如果置之不理的話，眼淚流過部分的毛會變色，也可能併發角膜相關的疾病。

原因與治療 鼻淚管阻塞或分泌過多為主要原因

眼淚在滋潤角膜之後，會透過鼻淚管流入鼻腔中，但是鼻淚管如果阻塞不通的話，眼淚就會從眼睛溢出來。此外，也有病例顯示是因爲眼淚的分泌量遠較平常爲多的緣故。可經由手術等方式，讓眼淚流通暢。

瞬膜突出

症狀 眼角的白膜是健康的指標

在貓的眼睛裡，有個名爲瞬膜的構造，位於眼角附近，是層若隱若現的白膜。但是當貓受到病毒、寄生蟲感染、身體虛弱，或是罹患神經性的疾病時，就會發生瞬膜覆蓋住大半個眼球的情況，由此可知瞬膜是查知貓的健康狀態的主要指標。如果疾病痊癒的話，瞬膜也會自然地恢復原狀。

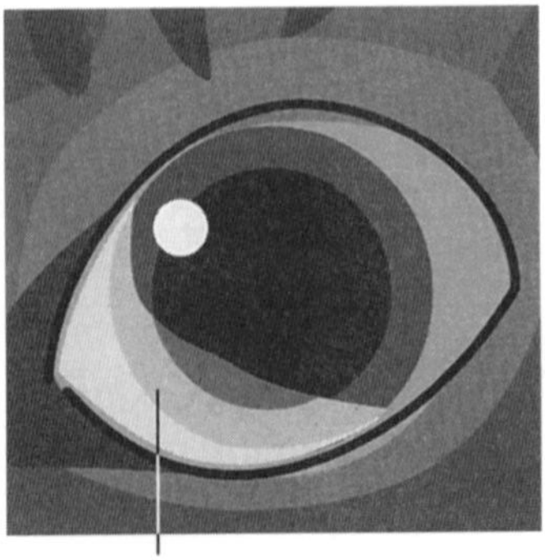

瞬膜

口腔的疾病

口腔發炎

症狀

強烈口臭及流口水，由於疼痛而無法進食

口腔發炎這種疾病，是由於口腔內的黏膜部分發炎，以致出現腫脹、潰爛，以及潰瘍等症狀。此時口腔內可能會有呈紅腫的狀況，但是也有病例是口腔內膜變白，甚至也伴隨有出血的現象。

口腔發炎之後，會出現強烈的口臭以及流口水的症狀。由於會有強烈疼痛的感覺，即使極想進食，也會因爲疼痛而無法大快朵頤。體力因無法進食而持續消耗，進而出現貧血、脫水等症狀。此外，發炎的部位也可能受到細菌侵入，進而併發其他的疾病。

原因與治療

併發感染症的機率極高

大多數的情況，都是因爲感染了貓愛滋病（貓免疫不全病毒感染症），或是貓白血病病毒感染症等疾病，使得免疫力降低，細菌及眞菌則於此時侵入口腔引起發炎反應。此外，齒垢堆積或是維他命A不足，也都是形成口腔發炎的原因。

治療方面，可以口服抗生素以及消炎藥，但是如果已經有腫瘤產生，或是有部分組織壞死的話，則需施行手術。

牙周病

症狀

牙齦紅腫容易出血

這是由於牙齦，或是支撐牙齒的牙周韌帶和齒槽骨出現發炎反應的疾病。會有牙齦紅腫的現象，稍微碰到就會立刻出血，口臭及流口水的情況也變得相當嚴重，等到支撐牙齒的齒槽骨崩解破裂之後，牙齒就掉下來了。

原因與治療

食物殘渣為元凶 需經常清潔牙齒

殘留在口腔內的食物殘渣會成爲齒垢，當齒垢上又有鈣附著之後，就變成牙結石。而齒垢及牙結石中所含的細菌會侵襲牙齦、牙周韌帶以及齒槽骨，引起發炎反應。治療方面，需除去牙結石及齒垢，再以藥劑抑制發炎反應，但是要完全痊癒則需相當長的時間。

耳朵的疾病

外耳炎

症狀　帶臭味的耳垢蓄積產生強烈的疼痛感

從耳朵的入口到鼓膜的部分，稱爲外耳道，當此處出現發炎反應時，就稱爲外耳炎。

如果得到外耳炎，外耳道會變得紅腫，甚至會有耳滲出液漏出的現象。此外，耳朵內也會蓄積大量發出惡臭的耳垢。病情嚴重的話，液體還會流到耳朵外面。

貓會有劇癢感，常常用後足抓耳朵，或者出現以頭撞東西，使用家具摩擦耳朵的情況。如果持續出現發炎反應的話，劇癢感會轉變爲疼痛感，就會變得不喜歡讓人碰觸到耳朵。

如果置之不理的話，將會引起中耳炎或內耳炎，情況會變得更加嚴重。在高齡貓當中，如果有產生腫瘤的情況時，幾乎都是惡性（癌）的。

原因與治療　細菌等病原會在濕耳垢上繁殖

一般來說，貓的耳垢應該是乾燥的，但是如果由於某種原因，使得耳朵進水的話，耳垢就會變成濕的。當細菌或黴菌在變濕的耳垢上繁殖，就會成爲引起外耳炎的原因。此外，耳疥蟲或毛囊蟲等寄生蟲，也是讓貓罹患外耳炎的原因之一。

有些時候則是因爲蟲等異物進入外耳道所引起。但是由於貓的耳朵通常是直立著的，通氣性相當良好，所以罹患外耳炎的機率不像狗那麼高。

在確認外耳炎的症狀之後，請先以棉花棒等工具除去耳垢及耳滲出液，再用滴耳液把耳朵洗乾淨。如果引起外耳炎的原因是細菌的話，就使用抗生素；是黴菌的話，就使用抗眞菌劑；是寄生蟲的話，則用除耳疥蟲滴劑來塗抹外耳道，以上用藥還是必須由獸醫師診斷後選擇適當藥物治療。

如果想要完全治癒慢性化之後的外耳炎的話，大約需要二個月的時間。一般來說，跟耳疥蟲比起來，要治療由細菌或黴菌引發的外耳炎，需要花費較多的時間。

中耳炎

症狀　主要特徵為強烈的疼痛感有波及到內耳的危險性

中耳位於鼓膜的內部，負有將鼓膜的振動再往內部傳導的作用。如果這個部位出現發炎反應的話，就變成中耳炎。

罹患外耳炎時會有劇癢感；而中耳炎則是疼痛的感覺比較強烈。由於疼痛比較能夠忍受，所以表現出來的就是貓會將頭部往患側的耳朵處傾斜，有時也會伴隨著發燒的症狀。

病症再發展下去的話，發炎情況會擴散到位於中耳深處的內耳，由於內耳中有著主導平衡感覺的器官，如果受到傷害的話，貓的頭部就會經常維持傾斜的狀態。此外，在行走的時候，也會出現步履蹣跚的情況。

中耳炎也會有耳滲出液蓄積，並且流到耳朵外面。但是在鼓膜尚未破裂的情況下，耳滲出液都會蓄積在中耳內。

原因與治療 外耳炎或鼻炎會引起中耳炎

形成中耳炎的模式有二種。第一種模式是外耳炎的症狀持續進行，導致鼓膜破洞，使得發炎部位延伸到中耳。另一種模式則是鼻炎在進展的時候，發炎症狀會透過連接耳朵跟鼻子的耳咽管，影響到中耳。不論是哪一種模式，只要能在外耳炎或鼻炎的初期階段立刻進行治療的話，就不會演變成中耳炎，所以最好儘早前往獸醫院接受診療。

中耳炎的治療方法是以服用抗生素及抗眞菌藥爲主。但是光憑內科療法，要想完全治癒需要花費相當長的時間，所以有時也可使用手術來治療。

耳朵的構造

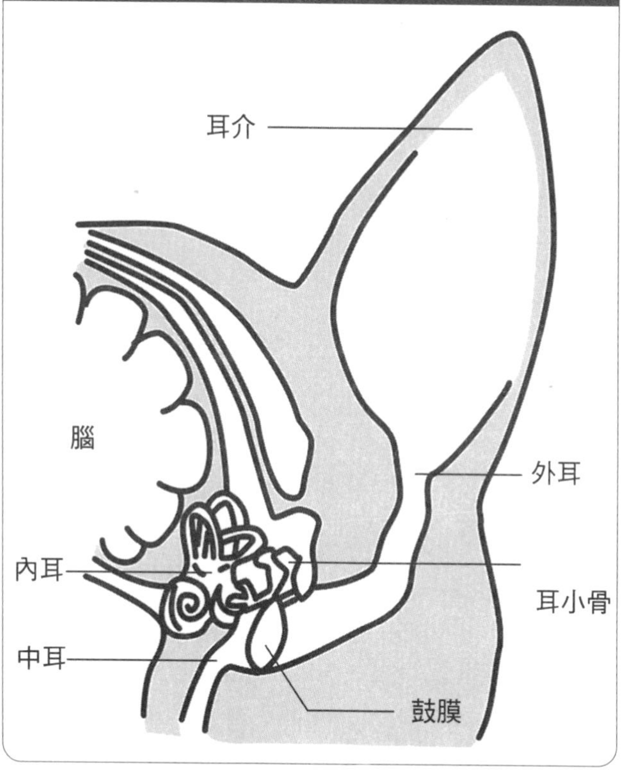

耳疥蟲症

症狀　黑色的耳垢大量出現

耳疥蟲症是因爲耳疥蟲寄生在貓的耳朵內所引起的疾病。貓會覺得非常的癢，就用後足搔抓耳朵，或是用耳朵摩擦家具，有時會因此傷害到外耳道，引起外耳炎，也可能會併發耳血腫。這項疾病的特徵，就是可以在耳朵內看到大量的黑色耳垢。

原因與治療　小貓的感染率極高所以要特別注意

寄生在耳朵內的疥癬蟲，就叫做耳疥蟲，體長約爲○・三～○・四釐米，身體的顏色爲白色，如果與帶有耳疥蟲的貓接觸，就會受到感染。一旦被耳疥蟲寄生，它就會在耳朵內繁殖並產下大量的蟲卵。

由於小貓的感染率非常高，如果想確定愛貓是否受到感染，請務必先帶到獸醫院去接受檢查。治療方面，可以使用除耳疥蟲滴劑，但是由於滴劑對卵及幼蟲無效，所以到所有的蟲卵都變爲成蟲爲止，都要持續投藥，因此到完全治癒大約要一個月左右的時間。

耳血腫

症狀　耳介有內出血的情況因而腫脹變厚

這是由於通過耳蝸（耳朵的最外側，呈三角形立著的部分）的血管，因爲某種原因引起內出血，而血液及漿液就蓄積在耳蝸內側的皮下組織與軟骨之間的疾病，有血液蓄積的部分就會變厚且腫脹。

原因與治療　會發生軟骨變形無法恢復的情況

當貓感染了外耳炎或耳疥蟲症之後，因爲會感覺很癢，就用後足搔抓耳朵，或是使用某些東西摩擦耳朵。耳朵的血管因此受到傷害，就很容易引起內出血。此外，與其他的貓打架也是引發耳血腫的原因之一。

治療方面，須以針頭插入變得厚而腫脹的部位，將蓄積的血液及漿液加以引流，再用外科手術治療。

如果太晚治療，耳蝸內的軟骨會變形，耳朵的形狀就無法恢復到原來的形狀，所以一定要儘早接受治療。

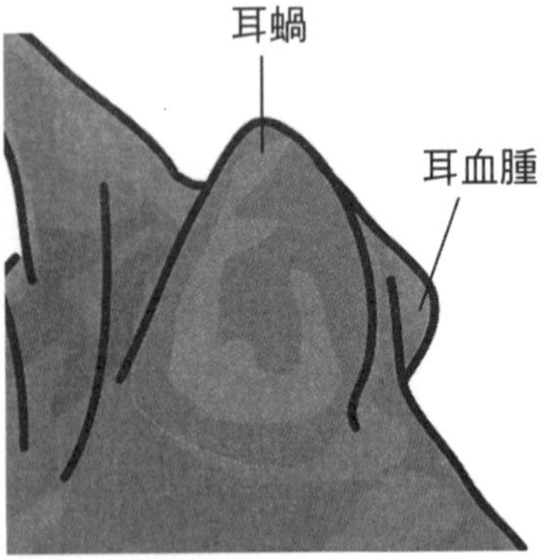

皮膚的疾病

跳蚤過敏性皮膚炎

症狀

除了劇癢感之外還有脫毛的現象

如果有跳蚤寄生的話，貓會感覺到奇癢無比，進而使用前、後足搔抓身體，或是舔、咬身體。如果症狀持續進展下去，會產生栗粒疹或痂皮，甚至也會出現脫毛的症狀。

跳蚤會在貓的身上產卵，一天之內約可產下數個到二十個左右的卵，所以數量就會一直增加。由於跳蚤會排出黑色的糞便，所以在使用除蚤梳梳理被毛的時候，如果有小小黑色的物體連同貓毛一起掉出來的話，就是有跳蚤寄生的證據。

跳蚤過敏性皮膚炎也會傳染給人類，從膝蓋以下到腳踝的部分都會起疹子，而飼主也會因爲劇癢感而痛苦不已。

原因與治療

驅除跳蚤是唯一的治療方法

跳蚤的眞面目是體長約二～三釐米的貓蚤，但是有時也會發生狗蚤寄生在貓身上的情況。跳蚤在吸食貓血時分泌出來的唾液，讓貓產生過敏的反應，因而引發劇癢感。

治療方面，除了驅除跳蚤之外別無他法。請將驅蟲劑灑在房間的每個角落，貓的身上則使用會阻礙跳蚤成長的昆蟲生長抑制劑。

犬疥癬蟲症

症狀

產生大量皮屑也有不感覺癢的情況

如果有犬疥癬蟲寄生的話，貓的身體會出現大量皮屑。雖然也會有濕性皮膚炎及痂皮出現，但是貓本身並不會有劇癢感。然而如果人類被傳染到的話，就會因爲劇癢感而苦惱不已。

原因與治療

使用洗毛精及除犬疥癬蟲藥來驅除

犬疥癬蟲的大小約爲〇・五釐米，可說是非常的小，除了在與其他的貓接觸時受到傳染之外，也會經由跳蚤、壁蝨，或是蒼蠅帶到貓的身體。

如果要驅除犬疥癬蟲，可以使用貓專用的洗毛精來清洗掉犬疥癬蟲，或是將除犬疥癬蟲藥灑在貓的身體上。但是由於除犬疥癬蟲藥對蟲卵無效，所以要持續投藥到所有的蟲卵都變爲成蟲爲止。

貓疥癬蟲症

症狀
頻繁地抓頭
臉及耳朵邊緣會脫毛

由於貓疥癬蟲寄生所引起的疾病，在臉以及耳朵的邊緣，可看到脫毛的症狀，也會有痂皮產生。貓會有劇癢感，因而頻繁地抓頭。

原因與治療
貓疥癬蟲僅會寄生在貓身上

貓之所以會有奇癢無比的感覺，主要就是因爲貓疥癬蟲在貓的皮膚上鑽孔寄居的緣故。由於貓疥癬蟲僅能在貓的皮膚上生存，只要使用外用藥或內服藥，將寄生在貓身上的貓疥癬蟲全部驅除掉，就不會再有任何症狀了。

皮癬菌症

症狀
各處都有圓形脫毛的症狀鮮少有癢的感覺

這是一種由黴菌寄生在貓的身上引發的疾病，身體各處都有圓形脫毛的現象。脫毛的部分會有痂皮產生，但是似乎不太會有癢的感覺。

原因與治療
有時也會伴隨著其他的疾病

引起這種疾病的主要原因，就是一種名爲大小芽胞菌的黴菌。感染到皮癬菌症的貓，大部分也都帶有病毒感染的其他疾病。治療方面，必須把貓的毛剃掉，再塗抹外用藥膏。由於皮癬菌症也會傳染給其他共同居住的貓或狗，人類也會受到感染，所以要避免與之接觸，並且徹底消毒房間。

庫興氏症候群

症狀
脫毛、多喝多尿
腹部鼓脹

這種疾病是由於位於腎臟內側的腎上腺功能過剩，在活動量增加的情況下，大量分泌出腎上腺皮質素，使得被毛大量脫落，皮膚也變薄。此外，還會出現多喝、多尿，以及腹部異常鼓脹等症狀。

原因與治療
發病原因各異
有壓力及腫瘤等

身處在壓力的環境下，或是腎上腺有腫瘤產生時，就會出現症狀。此外，爲了治療其他的疾病而持續服用類固醇的時候，也很容易罹患這種疾病。可經由切除腫瘤、停止服用類固醇等方式來治療，也就是依據發病的原因決定治療的方法。

貓痤瘡

症狀　下巴脫毛　容易復發

所謂的貓痤瘡，就是指貓長青春痘，主要長在下巴，會出現脫毛的症狀，以及長出小小黑色的東西，或是紅色的斑點。如果又受到細菌感染的話，就會出現發炎現象，其特徵是非常容易復發。

原因與治療　原因為食物及皮膚的髒污

發病的原因，可能是食物中的脂肪含量過多或過少，貓本身的體質，以及皮膚不乾淨等因素。只要消毒患部，或是使用藥用洗毛精，就可以治癒。

嗜酸性球性肉芽腫

症狀　全身各個不同的部位出現腫瘤

在全身各個不同的部位出現腫瘤，之後就開始脫毛。尤其是口腔周圍以及內部特別容易產生，如果化膿的話就會演變成潰瘍，而貓就會頻繁地搔抓該處。

原因與治療　原因不明　以投藥方式治療

可以從出現發炎反應的部位，檢測出構成白血球的嗜酸球性，但是目前還無法得知其究竟是如何形成的，只要使用類固醇即可治癒。

尾脂腺皮膚炎

症狀　尾根部發炎　使用洗毛精治療

貓尾巴的根部，有著被稱爲尾脂腺，專司油脂分泌的組織。

這種疾病是由於尾根部出現發炎反應，使得該處的皮膚變得圓且鼓脹。被毛上附著有黑色或黃色的分泌物，有時還會出現脫毛的症狀。

原因與治療　使用藥用洗毛精仔細地清洗

將患部的被毛剃掉，以便消毒，或使用藥用洗毛精清洗。如果受到細菌感染的話，就要服用抗生素。

伊莉莎白頸圈

在治療皮膚的疾病或外傷時，為了不讓貓舔傷口而使用的器具。

呼吸器官的疾病

鼻炎

症狀 由於鼻水、噴嚏等症狀導致呼吸困難

在初期的階段，會出現清澈水狀的鼻水以及打噴嚏。如果症狀惡化的話，就會變成黏糊糊的鼻涕，而打噴嚏的次數也會增加。此時由於無法用鼻子呼吸，所以會改爲用嘴呼吸的方式。

原因與治療 原因為傳染病或過敏等

貓之所以會感染鼻炎，最常出現的原因就是貓病毒性鼻氣管炎，以及貓卡力西病毒感染症等的病毒感染（也就是俗稱的貓感冒）。此外，也有許多貓是因爲細菌感染或是眞菌感染而罹患鼻炎的。除此之外，花粉或家塵也會引發過敏性的鼻炎，而聞到刺激性味道強烈的藥品，或是煙味的時候，也可能會出現發炎反應，如果鼻腔中有腫瘤出現的話，也會引起鼻炎。

如前所述，鼻炎的原因非常多樣，所以必須進行各種檢查，以確定發病原因究竟爲何。因爲原因不同，治療的方式也會改變。

如果是病毒感染的話，就是採用內科療法，以服用抗生素等方式治療。由於病毒感染可以由疫苗接種的方式來預防，所以飼主要盡的義務，就是每年帶貓去獸醫院接受一次疫苗注射。

鼻竇炎

症狀 膿狀的鼻水阻塞導致食慾不振

這種疾病是由於位於鼻子內部，名爲鼻竇的空洞，出現發炎反應所致，其症狀比鼻炎更爲嚴重。經常會流出像膿一般的濃稠鼻涕，鼻子受到阻塞，導致呼吸困難。有時鼻梁附近會有灼熱感，或是出現結膜炎的症狀。此外，因爲鼻子不通聞不到味道，使得食慾衰退，進食的份量也會減少。

原因與治療 病情嚴重的話需進行鼻竇切開手術

大多數的情況，都是因爲鼻炎的症狀延伸到鼻竇，才會演變成鼻竇炎。治療方面，一般都採用內科療法，但是如果病情嚴重的話，也會進行鼻竇切開手術，以便將內部清洗乾淨。

鼻血

症狀 打架或生病的時候會有大量出血

一般來說，鼻子在受到碰撞而有流鼻血的情況時，通常很快就會止住不再出血。但是如果碰到激烈的打架，以及某種疾病的時候，就可能會發生大量、或者長時間持續出血的現象。

原因與治療 如果持續出血就要使用止血劑

造成流鼻血的原因極多，骨折、碰撞，或是感染症等都有可能。最基本的處理措施是讓貓安靜下來，如果仍然持續出血的話，就要使用止血劑。

咽喉炎

症狀 咳嗽情況加劇也可能會發不出聲音

症狀還不嚴重的時候，就只是咳嗽而已，但是病況加劇的話，咳嗽的次數會增加，也會因爲喉嚨疼痛導致聲音改變或無法發聲的情況，也會出現沒有食慾的症狀。

原因與治療 病毒感染的話要服用抗生素

受到感染的主要原因，就數由病毒或細菌感染爲最常見了。此外，偶爾也有因爲異物傷害到喉嚨的情況發生。如果是病毒感染的話，就以服用抗生素預防二次感染的內科療法爲主。

支氣管炎

症狀 有時會乾咳還會發高燒

罹患支氣管炎的話，貓在咳嗽的時候會有作嘔的樣子出現，有時也會吐出東西來。由於胸部會痛，所以不喜歡讓人碰觸胸部。另外，也有發高燒的症狀出現。

原因與治療 使用霧化治療器及抗生素來治療

罹病的原因與鼻炎及咽喉炎類似，大多是由於受到病毒或細菌感染而發病。可以服用抗生素，並且使用霧化治療器將藥物打成霧狀，經由吸入直接治療來紓緩症狀。讓貓安靜地待在清靜的場所，餵食熱量高的食物。

肺炎

症狀 呼吸器官發炎當中最嚴重的症狀

在所有呼吸器官出現發炎反應的疾病當中，症狀最嚴重的就是肺炎。罹病之後會有發高燒、乾咳的症狀出現，呼吸時像在喘氣一般，也會沒有食慾。

如果病症繼續惡化下去，可能會無法站立，或是陷入呼吸困難的狀態。

原因與治療

病情進展快速 需儘早治療

由於受到病毒或細菌的感染，因而引發上呼吸道的病症，如果拖延太久，就會變成肺炎。由於肺炎的進展速度極快，所以必須儘早接受治療。治療方式主要爲服用抗生素。將室內的溫度與濕度控制在一定的範圍，並且保持安靜。

氣胸

症狀

空氣進入胸腔內 導致呼吸困難

所謂的氣胸，就是有空氣蓄積在胸腔內所引發的疾病，會使得肺葉萎縮，無法像平時般鼓起。貓會因此陷入呼吸困難的境地，必須張開嘴巴，像在喘息一般地呼吸。活動身體的次數減少，或是無法移動身體，也會有咳嗽、流口水或是吐血的症狀出現。如果胸部會痛的話，也會變得不喜歡讓人碰觸該處。

原因與治療

嚴重的時候 必須實施手術

貓的肺部，就在肋骨環繞的胸腔當中。如果因爲打架傷害到胸壁、肺或是氣管，使得空氣由破洞進入胸腔的話，肺就無法正常地膨脹。此外，身體由於支氣管炎或肺炎而虛弱不已的時候，也會因爲咳嗽的衝擊而有破洞出現。症狀較輕的時候可以採用內科療法治療；但是嚴重的時候，就必須實施外科手術，以排除胸腔內的空氣。

膿胸

症狀

呼吸急促 口腔變為藍紫色

這是由於細菌侵入胸腔內的破洞，導致膿蓄積的疾病。

剛開始時症狀較輕，只是呼吸變得有些急促而已，但是當蓄積在胸腔裡的膿量增加之後，呼吸方式就會轉變爲喘息的樣子。由於氧氣無法完全送入肺葉，舌頭以及牙齦會變成藍紫色。

原因與治療

將膿去除洗淨 亦需服用抗生素

胸腔之所以會有破洞，可能是由於事故或打架造成的外傷，抑或是罹患支氣管炎、肺炎時引起的劇烈咳嗽所造成。如果還伴隨有感染症等其他的疾病，引發感染症的細菌就會侵入胸腔內，此時就更容易蓄積大量的膿了。

治療方面，是以刺入針頭的方式將膿引流，之後再以生理食鹽水將胸腔清洗乾淨。如果有大量的膿，則需分數次將膿清除，同時亦需採行服用抗生素的內科療法。

消化器官的疾病

食道炎

症狀 食慾減退 愈來愈虛弱

由於食道炎會引發疼痛反應，使得貓的食慾減退。會反覆出現作嘔的動作，或是有流口水的症狀，有時即使吃進食物，也會立刻吐出來，而貓的身體也就因此變得虛弱。

原因與治療 使用抗生素等藥物來抒解發炎症狀

由於吃進魚骨頭或是塑膠製品而傷害到食道，也可能是咽喉炎或是咽喉炎的發炎反應發展下去引發食道炎，可以服用抗生素或消炎藥來治療。如果貓無法好好進食的話，請以液體食物加以餵食。

巨食道症

症狀 食物無法送入胃裡 身體愈來愈虛弱

所謂的巨食道症，指的就是食道異常擴張，導致將食物送入胃裡的功能喪失的疾病。即使進食了，也會因爲食物堵塞在食道中，因而馬上吐了出來。而且不僅只是固體食物，就連喝進去的水也會吐出來。所以貓的身體會一直虛弱下去。此外，吐出來的食物可能會從氣管吸入肺裡，引起肺炎。

原因與治療 如果是先天性的話就用液體食物來改善

如果從小貓時期開始，就一直持續將吃進去的食物立刻吐出來的話，飼主就要懷疑可能是先天性的食道異常了。此外，食道炎等疾病，或是吞下較大的異物，也都有可能演變成巨食道症。

在以疾病爲發病原因的情況下，只要加以治療，通常都能讓巨食道症完全痊癒。然而如果是先天性的異常，雖然可能會多花一些時間，但是除了以餵食液體食物的方式逐步善症狀之外，就別無他法了。

急性腸胃炎

症狀 由於腹瀉、嘔吐引起脫水症狀

如果罹患了急性腸胃炎，貓就會出現劇烈腹瀉的症狀。疾病的初期階段只會排出柔軟的大便，但是如果病症繼續惡化下去，就會變成水狀便。有時還會出現摻雜著血液的黑色或紅色大便，前往便盆的次數

也會變得非常頻繁。

同時還會出現嘔吐的症狀，嚴重的時候，就連喝水也會吐出來，而且即使胃中殘留的食物已經吐得精光了，也還是會一直反覆嘔吐的動作。貓因此呈現脫水狀態，身體也會急速虛弱，有時還會有生命危險。

原因與治療　主要原因為冰冷的食物或病毒

貓在吃進腐壞的食物或是冰冷的東西之後，就會引起腸胃炎。此外，也可能是貓傳染性腸炎病毒或其他病毒所引發。可經由點滴或注射的方式補充營養，並且服用藥物紓緩腹瀉及嘔吐的症狀。

慢性腸胃炎

症狀　因輕微腹瀉及嘔吐而逐漸消瘦

當腸胃炎慢性化之後，就會出現持續好幾天的輕微腹瀉。至於嘔吐的頻率，可能是一天內一～二次，或是好幾天一次，也有的貓完全沒有嘔吐症狀。食慾方面，應該與平日相同，也可能會稍微減少，但是絕對不會有完全不肯進食的情況。被毛的光澤及肌肉張力都會變差，貓的身體也因此逐漸虛弱，因而消瘦。

原因與治療　務必將急性腸胃炎完全治癒

如果沒有將急性腸胃炎完全治癒，不久之後就會演變成慢性腸胃炎。此外，處在壓力的環境下，或是腸道內有寄生蟲寄生，還有毛球蓄積在胃中或是腸道中（毛球症），也都會引起慢性腸胃炎。治療方面，除了以藥物紓緩腹瀉及嘔吐的症狀外，還要針對發病的原因加以治療，舉例來說，像是驅除寄生蟲等。

胃捻轉

症狀　劇烈的腹痛也有生命的危險

所謂的胃捻轉，就是胃發生扭轉的疾病，貓會突然感受到劇烈的腹痛。呼吸變得急促，並且出現脫水症狀。有時也會陷入休克狀態。如果不儘早處理的話，可能會有生命危險。

原因與治療　透過手術讓胃恢復原狀

曾經接受過腹部手術，或是罹患某種疾病的貓，比較容易得到胃捻轉。經由手術治療，可以讓胃恢復正常的狀態。

巨結腸症

症狀　嚴重的便秘造成作嘔及食慾減退

這種疾病是由於將糞便從

腸道往外推的壓力減低，造成糞便蓄積在腸道裡，形成嚴重的便秘，因而讓人苦惱不已。也會出現食慾減退、作嘔、脫水等症狀。

原因與治療 嚴重的話需接受手術

可分爲先天性的障礙，以及由於事故造成骨盤骨折，因而形成巨結腸症的情況。病況嚴重的話，必須接受手術治療。

直腸脫垂

症狀 腸道的一部分跑出體外置之不理將會壞死

直腸脫垂俗稱脫肛，是腸道的一部分翻出肛門之外所引發的疾病，貓會因爲感覺疼痛而頻繁地去舔翻出來的直腸，如果置之不理的話，就會腫起來進而壞死。

原因與治療 冰敷之後如能消腫即可回復原位

由於腹瀉或便秘，因而履次用力解便的話，就可能會發生直腸脫垂的情況。以冰敷患部的方式消除腫脹之後，就可以回到正常的位置。如果情況惡化，就必須接受手術。

腸阻塞

症狀 由於腸道堵塞使得氣體蓄積引起腹痛

這是因爲腸道堵塞，造成內容物蓄積的疾病。由於氣體蓄積在肚子裡，使得貓爲腹痛所苦。

原因與治療 誤食的異物或腫瘤造成堵塞

最常出現的情況，就是由於誤食異物造成腸道堵塞，然而腫瘤也可能是原因之一，幾乎所有的病例都要實行剖腹手術。

腸套疊

症狀 由於劇烈腹痛、嘔吐、食慾不振逐漸消瘦

由於某種因素，使得腸道進入另一段腸道中重疊在一起，因而形成腸套疊的疾病。會出現劇烈腹痛、食慾不振、嘔吐、脫水等症狀，影響到貓的身體，因而顯著地虛弱。

原因與治療 經由剖腹手術讓腸道恢復正常

由於持續腹瀉等症狀，腸道有時會因此出現異常。此外，腫瘤或寄生蟲感染也是原因之一。必須實施剖腹手術，如果組織已有壞死的部分，就先將該處切除，再讓腸道回到原來的位置。

肝臟、胰臟的疾病

脂肪肝

症狀 睡眠時間變長出現黃疸、嘔吐、腹瀉

由於脂肪堆積在肝臟內，造成肝臟機能低下的疾病。罹患這種疾病之後，會出現食慾減退，經常處於睡眠狀態的情況。如果病情繼續惡化下去，肝臟會腫起，並且出現牙齦及眼睛也變成黃色的黃疸症狀，接著也會有嘔吐及腹瀉的情況發生。

原因與治療 服用胰島素或強肝劑

脂肪是在肝臟製造，進而運送到身體的各個部位。如果負責搬運脂肪的運脂蛋白（apoproteins）及胰島素不足的話，脂肪就會蓄聚在肝臟內。

治療方面，可經由注射胰島素的方式，幫助體內的脂肪搬運，或是使用強肝劑。一旦罹病，想要完全治癒是非常困難的，這可說是種非常棘手的疾病。

肝炎

症狀 因食慾不振而消瘦會出現黃疸症狀

肝臟細胞引起發炎症狀的疾病。會出現食慾不振的症狀，體重也日漸減輕。黃疸的症狀以出現在眼睛及口腔黏膜爲主，尿液也變成黃色，有時腹部會因爲有腹水蓄積而鼓脹。

原因與治療 治療感染症並服用強肝劑

除了受到病毒感染之外，如果有誤食毒老鼠藥等情況，也會引發肝炎。除了根據發病原因加以治療外，還需同時服用強肝劑等藥物。

肝硬化

症狀 症狀與肝炎相同但表現更為強烈

出現食慾不振、體重減輕、黃疸、腹水等與肝炎相同的症狀，但是程度卻更爲嚴重。喝水量增加，排尿的次數也比以前更爲頻繁。

原因與治療 採用食療法需有毅力長期治療

肝炎或膽囊炎等疾病，如果長期持續惡化的話，就會慢慢轉變爲肝硬化。如果眞的達到肝硬化的程度，此時即使再

服用強肝劑等藥物，也無法輕易治癒。只能試著以餵食富含優良蛋白質的食物來執行食療法，並且有毅力地持續強加治療，才能讓症狀紓緩。

膽管性肝炎症候群

症狀 肝臟及膽管發炎 出現黃疸及脫水症狀

這是肝臟及膽管都同時出現發炎反應的疾病。特別是當肝臟及膽管化膿的時候，症狀會變得更加嚴重，並且出現食慾不振、發燒，以及黃疸等現象。此外，還會引發脫水症狀，使得身體更加虛弱，經常有併發脂肪肝的情況。

原因與治療 原因非常多樣 像是細菌感染等

發病的原因非常多樣，像是細菌感染、淋巴球異常、十二指腸炎，或是胰臟炎等疾病，都有可能成爲發病的誘因。請判定究竟爲何種原因再進行治療，舉例來說，如果是細菌感染，就使用抗生素治療。

胰臟炎

症狀 極容易併發其他疾病 像是肝炎或糖尿病等

如果胰臟出現發炎反應，馬上就會變得沒有精神，食慾也會減退，而且會持續腹瀉或嘔吐，進而演變成脫水症狀。在由於事故導致胰臟炎的情況下，則會陷入昏迷狀態。

此外，容易併發肝炎、膽管炎、糖尿病等其他的疾病，也是胰臟炎的特徵。特別要注意的是變成慢性胰臟炎的時候，由於分泌胰島素的機能降低，罹患糖尿病的危險性也相對地提高。

原因與治療 感染症等疾病 為發病誘因

貓傳染性腹膜炎、弓漿蟲症、貓病毒性鼻氣管炎等感染症，爲發病的主要原因。由於肝臟、膽管及小腸的疾病，而引發胰臟炎的情況也不在少數。此外，由於事故等因素，使得腹部受到強力衝擊時，也會傷害到胰臟而出現發炎反應。

由於胰臟炎大多會併發其他的疾病，使得治療非常困難。另外，其症狀與其他疾病非常類似，往往在發現時就已經太遲了。治療方面，需視發病原因以及併發疾病的進行狀況，來決定服用抗生素等治療的方法。

泌尿器官的疾病

下泌尿道症候群

症狀

結晶阻塞尿道 尿液無法排出

這是由於在膀胱內形成的結晶或結石阻塞住尿道，使得尿液無法排出的疾病。如果罹患了這種疾病，就會頻繁地前往便盆，然而卻完全無法排尿，或是只排出少量的尿液。有時也會有閃亮的結晶與尿液一起排出的情況發生。此外，膀胱因爲受到結晶或結石的傷害，而有出血的現象，此時尿液中亦會摻雜有血絲。以手觸摸膀胱，可能會感覺到二種情況，分別是膀胱膨脹得很大，以及變得既小且硬，此時絕對不能再使力壓迫膀胱，因爲它已經變得非常脆弱，任何壓力都可能造成膀胱破碎。

一段時間之後就會變成尿毒症，並且出現食慾減退、嘔吐，以及體溫降低等症狀，如果持續二天以上都沒有排尿的話，就會有生命危險。

原因與治療

常見於公貓 容易復發

貓並不常喝水，所以排出的都是顏色偏濃的尿液，也因此成爲容易罹患泌尿器官疾病的動物。公貓罹患下泌尿道症候群的比率遠高於母貓，這是因爲公貓的尿道較細長的緣故，也因此容易受到結石或結晶阻塞。

貓在身體健康的時候，膀胱內部的環境是酸性的。但是

公貓泌尿器官的構造

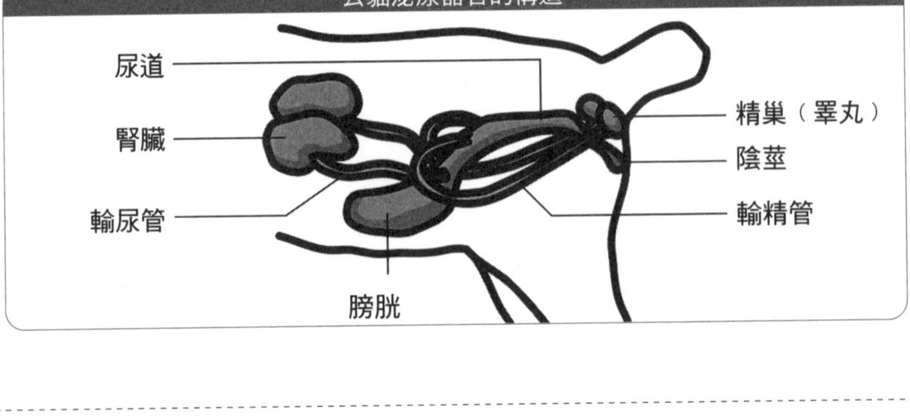

如果因故由酸性轉變爲鹼性，進而排出鹼性尿液的話，膀胱內就變成容易產生結晶或結石的環境。

而膀胱內部的環境之所以會轉變爲鹼性，最主要的原因就是食物，特別是餵食富含鎂的食物，最容易引發這個問題。所以要預先避免下泌尿道症候群發病的話，請飼主務必注意要將每餐食物中的鎂含量控制在百分之一以下。

治療方面，首先要將導尿管插入尿道，以便取出堵塞尿道的結晶或結石，同時也要將蓄積在膀胱內的尿液進行引流。但是膀胱內通常還會留有大量的結晶或結石，如果放著不管的話，隔沒多久馬上又會復發。所以接下來的一個星期要仔細觀察貓的狀況，並且繼續治療。如果有併發尿毒症的時候，也要同時進行治療。

爲了防止再次復發，請餵食愛貓可以讓尿液恢復酸性的食物，或是含鎂量較低的食物。另外，由於魚類的鎂含量較高，比較不建議用來餵食曾經發病過的貓。

因爲下泌尿道症候群非常容易復發，如果家中飼養的公貓有反覆發病的情況時，醫生可能會建議採取切除陰莖的手術方式治療。

慢性腎功能衰竭

症狀　多喝多尿、食慾減退 症狀不容易辨認

這是一種由於大部分的腎臟組織受損，使得腎臟機能減退的疾病。

如果罹患了慢性腎功能衰竭，飲水以及排尿的次數都會增加。此外，也會出現體重減輕、食慾減退、被毛沒有光澤等症狀。病症如果持續進行下去，就會演變成尿毒症，進而出現體溫降低以及劇烈嘔吐等症狀，有些貓在吐氣的時候，也可以聞到尿騷味。

罹患慢性腎功能衰竭初期，鮮少會有症狀出現，所以等到發現的時候，大多是病情已經惡化到某種程度了。而腎臟的組織如果受到破壞的話，就無法再恢復了。

原因與治療　發病之後 就不可能痊癒

在貓的死因當中，慢性腎功能衰竭是發生率最高的疾病。據統計五～六歲以上的貓，幾乎都罹患有腎功能衰竭的疾病。

這種疾病一旦發作，就不可能完全治癒。如果還併發有尿毒症時，必須要立刻進行治療，以便穩定病情。

之後則要經由管理食物的方式，盡力延緩疾病的進展速度。飼主可洽獸醫院購得低蛋白質、低鈉的腎功能衰竭專用療養食品。

急性腎功能衰竭

症狀

腎臟機能急速衰退 同時有尿毒症發作

這是一種腎臟機能急速衰退的疾病，而疾病的特徵，就是病情進展非常迅速。

罹患急性腎功能衰竭之後，貓會變得沒有食慾，喝水量及排尿量也會減少。如果病情再繼續進展下去，由於貓無法將有害物質排出體外，因而出現尿毒症的症狀，引起嘔吐、體溫降低、痙攣、脫水等症狀。此外，有時也會在吐氣時聞到尿騷味。

原因與治療

也會因心肌症的影響而發病

急性腎功能衰竭可分爲二種情況，分別爲腎臟本身出現異常，以及因爲其他疾病造成腎臟機能衰退的情況。舉例來說，由於心肌症的影響，會導致運送到腎臟的血液量減少；或是罹患下泌尿道症候群而出現無法排尿等的情況，都會影響腎臟的功能，演變爲腎功能衰竭的情況。

治療方面，如果貓也有併發尿毒症的情況時，要先針對該尿毒症進行治療。接著再探究急性腎功能衰竭的發病原因，以便據以治療。這種疾病與慢性腎功能衰竭不同，如果能夠早期發現的話，應該可以在短時間內恢復。

尿毒症

症狀

如果沒有儘早治療 會陷入昏迷狀態

所謂的尿毒症，就是腎臟的機能衰退，使得有害物質（尿素氮）無法排出體外。罹患尿毒症之後，除了食慾減退之外，還伴隨有劇烈的嘔吐，也會出現脫水、體溫降低、痙攣等症狀。如果沒有儘早帶到獸醫院接受治療，就會陷入昏迷狀態，並且有生命危險。

原因與治療

將有害物質排出體外

下泌尿道症候群、腎功能衰竭等疾病再進展下去，就會變成尿毒症。如果罹患這種疾病，就要以注射點滴的方式補充水分，製造大量的尿液，將尿素氮排出體外，以便紓緩症狀，有時也會服用能夠將尿素氮藉由腸道排出體外的藥物。

腎小球腎炎

症狀

身體水腫 腹水蓄積

這是由於腎臟內名爲腎小球的部位出現發炎反應的疾病。如果罹患了腎小球腎炎，身體會出現浮腫現象，腹部則會有腹水蓄積。此外，除了會排出蛋白尿之外，也可能會出現腎功能衰竭的情況。

原因與治療

由於細菌入侵引起腎小球發炎

貓白血病病毒等病原體，如果侵犯到腎臟，白血球就會製造出抗體，以便擊退這些病毒。然而如果抗體與病原體合併之後附著住腎小球的話，腎小球就會出現發炎反應，因而成爲腎小球腎炎。所謂的腎小球，就是負責過濾血液中的老舊廢物，以便將其從尿液中排出的重要組織。

如果是由於細菌或病毒侵犯而引起腎炎的情況，就要針對引起疾病的病原體進行治療。爲了抑制腎臟的發炎症狀，需服用腎上腺皮質素；此外，如果有水腫等的症狀出現時，則可使用利尿劑治療。

水腎症

症狀

下腹部出現腫塊可能演變成腎功能衰竭

這是由於腎臟的腎盂部位積水而引發的疾病。罹病後的貓下腹部會產生較大的腫塊，如果兩邊的腎臟都同時罹患水腎症的話，即使下腹部的腫塊還不明顯，也會出現腎功能衰竭的情狀。

原因與治療

進行腎臟摘除或腎功能衰竭的治療

於腎臟內製造出來的尿液，通常會經過輸尿管再送到膀胱，但是如果有結石或結晶阻塞住輸尿管的通道，尿液就會蓄積在腎臟內。

如果僅有單邊腎臟罹患水腎症的話，只需將罹病的腎臟摘除即可。然而如果兩邊的腎臟都演變成水腎症，就要實施腎功能衰竭的治療方法。

膀胱炎

症狀

明明就有尿意卻無法排出

這是膀胱出現發炎反應的疾病。貓明明已經感覺到尿意，也頻繁地前去便盆做出排尿的動作，卻僅能排出少量的尿液，此時的尿液顏色會變成紅褐色，同時也會出現血尿的症狀。

原因與治療

使用抗生素來治療

通常是由於膀胱受到細菌的感染而出現發炎反應。此外，也有病例是因爲膀胱內形成的結石或結晶傷害到膀胱組織，而細菌正好侵犯到該處，就演變膀胱炎。這種疾病在貓身上極爲少見，然而罹患過下泌尿道症候群，並且接受過手術將尿道截短的貓，則比較容易罹患膀胱炎。治療方面，是以服用抗生素的方式來進行。

心臟的疾病

心肌症

症狀 精神及食慾不佳 繼續惡化會出現血栓

所謂的心肌症，就是心臟的肌肉變得肥厚或變薄的一種疾病，會導致心臟機能衰退。

罹患心肌症之後，由於心臟送出血液的力道減弱，貓會出現精神及食慾都欠佳的情況，就連呼吸也變得非常困難，同時肺部也會有液體蓄積。此外，在血管中流通的血液會凝固，變得非常容易出現血栓。要特別注意的是，如果位於腹部的大動脈有出現血栓的話，後足會因此麻痺，因而無法站立。同時還會引發呼吸困難的現象，因此出現生命危險。

原因與治療 因應心臟的狀態 服用藥物

罹患心臟肌肉變細的擴張型心肌症的主要原因，就是由於牛磺酸這種營養成分的攝取量不足所致；然而若是肌肉變厚的肥厚型心肌症，或是位於心臟內的纖維質膜變厚的限制型心肌症，其發病的確實原因則尚在研究當中。

肥厚型心肌症是由於心臟的肌肉肥厚，導致心室變得狹窄所致，因此必須服用讓心臟容易擴張的藥物。反過來說，如果是擴張型心肌症，就是因爲心室擴張，所以要給予抑制擴張的藥物。此外，還可使用利尿劑，以協助減輕心臟的負擔。

心臟的構造

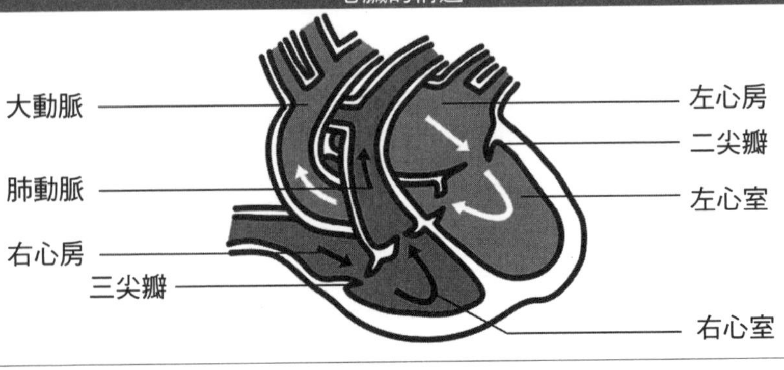
大動脈
肺動脈
右心房
三尖瓣
左心房
二尖瓣
左心室
右心室

血液的疾病

貧血

症狀 舌頭沒有血色 走路搖搖晃晃

如果有貧血問題的話，就沒辦法將氧氣全數送到身體的各個部位。因爲這個緣故，嘴唇、舌頭、牙齦以及鼻子等部位會沒有血色，看起來就像是紫色或白色。如果病情繼續惡化下去，會出現食慾減退、呼吸急促的症狀，甚至會發生步履蹣跚、搖搖晃晃的情況。

原因與治療 原因非常多樣 需對症下藥

當血液中的紅血球數量，或是紅血球中的血小板數量減少的時候，就會出現貧血問題。紅血球是由骨髓製造出來的，之所以會發生上述的情況，有可能是骨髓的機能減退，或是即使已經製造出紅血球，卻因爲某種障礙而在血管或脾臟中立刻受到破壞。

此外，也有因爲病毒感染而造成貧血問題的情況。遇到事故而有大量出血的時候，也會貧血。所以要先探究原因，再決定處方用藥及治療方式。

血巴東蟲症

症狀 由於細菌寄生 引起貧血

這是由於血巴東蟲寄生在紅血球上，使得紅血球受到破壞所引發的疾病。罹病之後的貓會貧血，嘴唇、舌頭、牙齦，以及鼻子等部位會變成紫色或白色，不喜歡運動，經常蹲伏著，只要輕微地移動都會讓呼吸變得急促。此外，還會出現脾臟腫脹、黃疸、發燒等症狀。如果不予理會也不治療的話，可能會有生命危險，是相當可怕的疾病。

原因與治療 無法將細菌 完全除去

血巴東蟲症是以跳蚤爲媒介傳染的傳染病，在一般情況下，即使受到這種細菌感染，也不太會發病。然而在打架或事故造成受傷，或是壓力、受到其他病毒感染的時候，由於免疫力降低，病症就會顯現出來。治療方面，以服用抗生素爲主。但是由於藥物無法完全除去血巴東蟲，如果又遇到免疫力低落的情況時，就有復發的可能。

內分泌的疾病

糖尿病

症狀 除了身體虛弱之外，也有併發其他疾病的危險

由於罹患糖尿病之後，血液中的糖分都會排出體外，所以會有頻繁排尿的情況出現。同時爲了要補充水分，又會飲用大量的水。此外，幾乎所有病例的食慾都會比平常增加許多。

如果病情繼續惡化下去，即使吃得再多也會持續消瘦，不久之後就連食慾也會減退，並且出現嘔吐、腹瀉，以及脫水等症狀，身體也會愈來愈虛弱。

此外，由於血液中含糖的濃度上升，對於其他的臟器及器官也會產生不良影響，因而併發各種疾病。

原因與治療 愈是肥胖的貓愈容易發病

胰島素負有將血液中的糖分送往細胞的任務，當胰島素分泌不足時，就容易引發糖尿病這種疾病。由於肥胖的貓的細胞較難與胰島素進行反應，所以罹患糖尿病的機率最高。治療方面，主要以食療法及注射胰島素爲主，並且需要有毅力地持續接受治療。

甲狀腺機能亢進症

症狀 多喝多尿突然變得具活動力

這是甲狀腺異常分泌所引發的疾病，即使貓之前的個性是屬於穩重型的，也會變得相當具有活動力，一直動個不停。此外，喝水量以及排尿的次數也會增加。食慾雖然也有明顯的增長，不過不管怎麼吃，體重卻直線減輕。除此之外，還會出現腹瀉、嘔吐，以及脫毛等症狀。

原因與治療 往後的日子都要吃藥控制

甲狀腺的主要作用，除了促進身體的新陳代謝之外，還有保持體溫的功能。如果甲狀腺出現異常分泌的現象，身體的活動情況會超過平常的程度，變得非常活潑，因而對身體各個部位產生負擔。

罹患這項疾病之後，脖子附近的甲狀腺會腫大。治療方面，需以手術切除部分甲狀腺，之後再持續服用藥物，以控制甲狀腺的分泌。

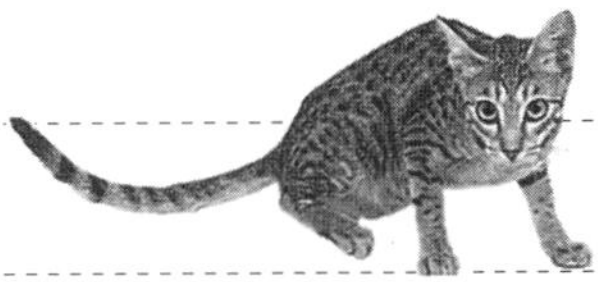

寄生蟲的疾病

心絲蟲症

症狀 完全沒有症狀就突然死亡

由於心絲蟲寄生在心臟，使得脈搏的速度加快。而死亡的心絲蟲蟲體會經過血管流到肺部，使得呼吸變得急促，也會引起咳嗽或嘔吐等症狀。也曾發生心絲蟲寄生在腦部，因而引起神經性疾病的情況。

此外，這種疾病不太會有症狀出現，有時就在突然之間死亡。

原因與治療 蚊子為寄生的媒介

心絲蟲原來的宿主應該是狗，但是透過蚊子作爲媒介，也會寄生在貓身上。治療方面，可透過藥物或手術來驅蟲，目前也已經開發出貓用的預防藥物。

蛔蟲症

症狀 小貓受到感染的話會變成重症

如果有蛔蟲寄生的話，貓的身體會因虛弱而消瘦。此外，也會出現腹瀉及嘔吐等的症狀。跟成貓比起來，小貓的症狀更爲嚴重。

原因與治療 蛔蟲是從嘴巴感染的

貓之所以會感染蛔蟲症，是因爲從嘴巴吃下蛔蟲的卵。如果是小貓罹病，大多數的病例都是由於母乳中含有蛔蟲而傳染。請投予驅蟲藥，並且以驅蟲劑或熱水消毒床鋪。

絛蟲症

症狀 引起食慾減退、腹瀉及嘔吐

會出現屁股覺得癢、食慾減退、腹痛、腹瀉，以及嘔吐等症狀。並不一定要有大量的絛蟲寄生才會出現嚴重的症狀，有時也有完全沒有症狀的情況出現。

原因與治療 跳蚤等為媒介 給予驅蟲藥

寄生在貓身上的種類，有犬絛蟲、貓絛蟲、雙頭裂解絛蟲等，跳蚤及老鼠等爲主要媒介，定期投予驅蟲藥，以殺死絛蟲。

腫瘤（癌）

乳癌

症狀 如果對腫塊置之不理會移轉到肺等器官

乳癌的形成，大多數的情況都是因爲乳腺出現硬塊的緣故。如果置之不理，腫塊會愈來愈大，造成皮膚破裂、出血，不久後可能會移轉到淋巴結及肺、腹部，因而出現貧血、食慾不振，以及呼吸困難等症狀。發現得愈晚，治癒率就愈低，所以必須注意以便早期發現。

原因與治療 以手術摘除乳腺

這項疾病好發於未接受結紮手術的高齡母貓，根據推測，罹病的主要原因應是雌性激素所引起。治療方面，可經由手術將所有的乳腺（連同未產生腫瘤的部分）摘除。

胃癌

症狀 嘔吐的頻率增加亦併發腹膜炎

胃部如果有腫瘤產生，就會偶爾出現嘔吐的症狀。而嘔吐的頻率則會隨著病情的進展持續增加。此外，還會出現食慾低迷、腹瀉、體重減輕等症狀。最後則會併發腹膜炎，出現生命危險。

原因與治療 以放射線療法及化學療法來治療

如果是惡性腫瘤的話，大多是由於淋巴腫瘤移轉到胃內造成的，須採用放射線療法或化學療法進行治療。如果是良性腫瘤，只要早期發現，即可透過手術治癒。

淋巴腫瘤

症狀 症狀會依腫瘤的場所而異

淋巴腫瘤是由於淋巴球（白血球的一種）受到癌細胞侵犯，因而形成腫瘤的一種疾病。症狀會依據腫瘤出現的位置而有不同。如果出現在胸的縱膈膜部位，就會有胸水蓄積，造成呼吸困難、食慾低迷。如果是在腸道發病的話，則會出現腹瀉、嘔吐，以及食慾低迷等症狀。

原因與治療 與獸醫師商談治療方法

這項疾病大多好發於受到貓白血病病毒傳染的貓身上。經常使用的治療方法爲化學療

法或放射線療法，但由於可能會有副作用產生，所以最好先與獸醫師詳加討論。

骨髓腫瘤

症狀 貧血及食慾低迷 體重持續減輕

這種疾病是由於製造血液的骨髓細胞受到癌細胞侵犯所引發的疾病，出血時會一直持續，難以止血，也會出現貧血等症狀。此外，除了食慾低迷之外，體重也會持續減輕，肝臟或脾臟也會出現腫脹的現象。

原因與治療 即使進行化學療法 也難以完全治癒

這種疾病與淋巴腫瘤一樣，也是好發於受到貓白血病病毒感染的貓身上，可經由化學療法來抑制癌細胞繼續擴張，但卻難以完全治癒。

肥胖細胞瘤

症狀 肥胖細胞瘤可分為 皮膚型及內臟型

這是由於名爲肥胖細胞的細胞增殖，因而形成腫瘤的疾病，可區分爲頭部及脖子附近的皮膚腫瘤（皮膚型）、以及脾臟或是小腸等的內臟腫脹（內臟型）。罹患這種疾病之後，貓會變得沒有精神，還會出現食慾低迷以及嘔吐等症狀。此外，如果有腫瘤在皮膚形成的話，還可能會移轉到身體的其他部位。

原因與治療 將腫瘤摘除後 還需服用藥物

皮膚型的肥胖細胞瘤當中，可能會有良性的腫瘤病例，但是脾臟形成的腫瘤則都是惡性的。如果是皮膚型的腫瘤，可經由手術摘除，再服用類固醇。而脾臟的腫瘤則需進行脾臟的摘除手術。

扁平上皮細胞癌

症狀 顏面出現腫瘤 為皮膚癌的一種

扁平上皮細胞癌係指在耳朵、鼻子、眼瞼、顏面等處形成的皮膚癌。剛開始會在耳朵或鼻子處出現類似紅色傷口一般的東西，不久之後該處就會明顯的潰爛，甚至會有出血及惡臭等情況產生，也會出現患部組織壞死的情況。

原因與治療 紫外線為 發病原因

這種疾病常見於白色的貓身上。根據推測，係由於長時間接觸到紫外線，因而變成感光過敏症，皮膚呈現過敏發炎症狀，當皮膚炎再發展下去，就成爲扁平上皮細胞癌。如能早期發現，只要切除形成腫瘤的部位，即可完全痊癒。

生殖器官的疾病

子宮蓄膿症

症狀　即使已有膿蓄積也不會感覺到痛

這是由於膿蓄積在子宮當中，使得子宮膨脹的疾病。然而在膿的量還不是很多的時候，飼主並不會注意到貓的下腹部變大這件事。此外，即使子宮內已經孕育有胚胎的情況下，仍然不會感覺到疼痛，所以在病症沒有極度惡化的情況時，貓是不會感覺到任何疼痛的。

會有症狀出現的反而是子宮以外的部位，像是喝水量以及排尿的次數增加、沒有食慾、持續嘔吐、發燒等症狀。情況嚴重的話，還會併發腎臟炎、膀胱炎、腎功能衰竭、尿毒症等疾病，生命因而受到威脅。如果飼主發覺愛貓的樣子有點奇怪，務請立刻帶往獸醫院接受診療。

原因與治療　容易發生於發情期、生產時

細菌是引發子宮蓄膿症的主要原因。位於子宮前端的子宮頸，平時是呈現閉合狀態，使得細菌無法接近，但是在發情期或生產時，子宮頸就會打開，而細菌就趁此機會侵入子宮內，引起發炎反應。

高齡貓較容易罹患這種疾病，如果已經接受過卵巢切除手術的貓，幾乎就不會罹患子宮蓄膿症了。

治療方面，則需實施手術切除子宮及卵巢。如果貓的體力不足以接受手術的話，就先服用抗生素或荷爾蒙藥劑。

子宮癌

症狀　如果出現腫塊或出血等就要帶往醫院

這是子宮內部產生惡性腫瘤的疾病，外陰部會持續出現出血的症狀。如果病情繼續惡化下去，以手碰觸腹部就可以感覺到腫塊的存在。一旦發現這樣的情況，就要立刻帶往獸醫院。

原因與治療　極難分辨究竟是不是癌

現階段還不太清楚子宮癌的形成原因。由於極難分辨究竟是子宮癌還是其他的疾病，所以如果判斷可能是癌的話，就要實施手術將子宮切除。

乳腺炎

症狀 乳腺腫起來 會有膿及血流出

這是授乳期或授乳期之後的母貓，乳房（乳腺）腫脹的疾病。此時乳腺會發熱，只要飼主碰到該處，貓就會感受到劇烈的疼痛。病情惡化的話，會有膿及血從乳腺流出，也會變得沒有食慾及精神。

原因與治療 因細菌侵犯乳腺而發病

當母乳的分泌量過多，或是小貓喝的母乳量減少的時候，多餘的母乳會殘留在乳腺中，使得乳腺腫脹。如果細菌侵犯該處導致感染的話，就會變成乳腺炎。由於授乳期間乳腺的前端是開放的，而乳房也很容易被小貓的爪子抓傷，所以其對細菌是非常脆弱的。

治療方面，罹患乳腺炎的貓可服用抗生素治療，並需停止對小貓的哺育，此時請飼主購買市售的牛乳餵食小貓。

陰道腫瘤

症狀 有腫塊形成 出血症狀持續

如果有腫瘤在陰道形成，肛門與外陰部之間就會有腫塊，有時也會出現在陰道的外側。同時也會持續出血的症狀。然而在大多數的情況下，腫瘤都是良性的。只要一發現異常就趕快帶往獸醫院的話，一般都可以完全治癒。

原因與治療 經由手術切除腫瘤

根據推測，陰道出現腫瘤的原因，大多是性荷爾蒙造成的，可經由手術切除腫瘤。此外，如果並未接受絕育手術的話，爲了避免性荷爾蒙異常分泌，也可以將卵巢切除。

母貓生殖器官的構造

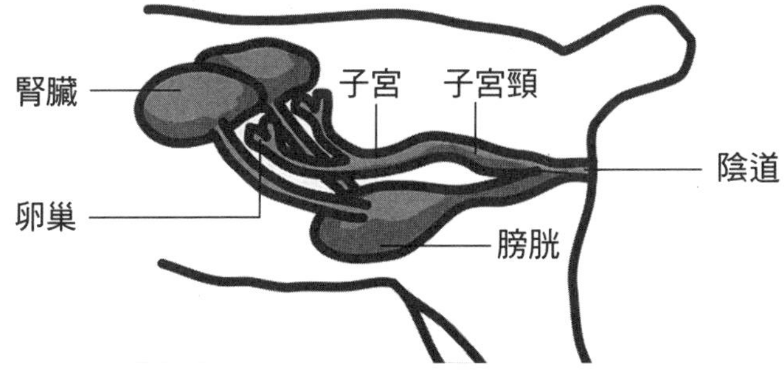

心理的疾病

不適當的排泄

對策　整理出可以舒適排泄的環境

如果貓出現在便盆以外的場所排泄的情況時，有幾項原因可以列入考慮，像是「便盆放置在無法安心排泄的地方」、「飼主沒有勤於清掃，便盆髒污不堪」等。如果同時飼養許多貓的話，也有可能是不喜歡與其他的貓共用一個便盆，所以請飼主整理出一個可以讓貓安心排泄的環境。

此外，貓爲了劃分地盤，也會在房間內排尿，用味道來區分。只要實施絕育手術，這種行爲就會減少，甚至完全消失。

打架

對策　實施絕育手術後即可抑制攻擊性

會出現激烈打架行爲的大多是公貓，公貓在出生後八個多月左右，性荷爾蒙的分泌量會增加，使得戰鬥心大爲升高。爲了爭奪地盤、或是追逐發情的母貓，就會與其他的公貓進行激烈的爭鬥。

這對公貓的生理性來說，是極爲自然的行爲，但是卻可能傷害到作爲對手的貓，而自身也有極高的危險性會受傷。所以如果想要抑制公貓的攻擊性，最好在出生後六個月左右實施絕育手術，才比較有效果。大約有九成左右的貓，在進行手術之後，攻擊性就大幅減退。

磨爪

對策　重新提供能夠磨爪的場所

會在家中的家具磨爪，使得飼主煩惱不已的，主要都是飼養在室內的貓。如果是可以自由外出的貓，就會在外面尋找能夠磨爪的場所，當然就不會出現這樣的問題。

貓之所以會有磨爪的行爲，最主要的原因就是要剝除舊的爪子，以維持爪子的健康。此外，爲了要證明這是自己的地盤，或是由於搬家、新增家族成員等所帶來的壓力，都會讓貓出現磨爪的動作。

要解決這個問題行爲，除了提供一個舒適的磨爪場所之外，別無他法。可以多方嘗試使用坊間販售的貓抓板、瓦楞紙、用過的舊地毯等，一定可以找出貓最喜歡的方法。

舔身體

對策　主要原因為神經性異常或壓力

如果貓一再地重複舔著身體的同一個部位，可能的原因有二種，分別是身體出現受傷或發炎的情況，或是精神上出現問題的緣故。此時最重要的，就是先觀察貓重複舔著的部位，如果該部位在外觀上看不到任何異常，就可以推斷是心因性的疾病。

醫學上將病態性地重複同樣行動的行爲稱爲「強迫症」。在感受到壓力、或是慾求極度不滿，以及中樞神經出現異常時，就會出現強迫症的行爲。

由於飼主無法自行處理這樣的病症，請務必將貓帶往獸醫院。在服用藥物控制腦部的情緒後，症狀應該就會改善。

咬衣物

對策　幼年期所受的關愛不足因而產生不安全感

有些貓會咬或吸吮飼主的衣服，或是毛巾等柔軟的布料。由於這樣的行爲看起來非常可愛，根本就不會讓人聯想到是問題行動，然而實際上，這卻是精神面出現問題的貓所做的行爲。

貓在幼小的時候，應該會有好幾個月的時間可以吸吮母貓的乳頭。但是由於現在的貓有許多是被當作寵物飼養的，所以在出生後立刻被帶離母貓的身邊，因而在幼年期無法接受母貓的疼愛。根據研究，這份不安全感就會以咬衣物的行爲呈現，特別是在有壓力蓄積的時候，壓力愈高咬衣物的頻率就愈高。作爲飼主，請盡力除去貓的不安全感，並將你的關愛傾注在貓身上。

捕食性的攻擊

對策　捕食是貓的習性不可能改善

貓只要看到老鼠或是小鳥等小動物，不論肚子是不是正處於飢餓狀態，都會加以攻擊，這是天生的習性，與口腹之慾無關。就連出生後立刻被帶離母貓身邊，未曾學習過狩獵技巧的貓也是一樣的。而貓在捕食到小動物之後，並不會馬上將之殺死，反而會慢慢地玩弄獵物，使其逐漸虛弱而死，可說是非常殘酷的天性。

由於這種行爲是貓的本能，若想藉由教養的方式加以制止，可說是非常的困難。所以如果有鄰居飼養小鳥的話，可能會造成極大的困擾。此時請與鄰居商量，看是要將貓完全飼養在室內，或是請鄰居不要將鳥籠拿出室外，務必要商量出最適合的對策。

因害怕而攻擊

對策 對於與人接觸經驗較少的貓要特別注意

如果是出生後立刻被帶離母貓的小貓；或是在出生後五～七週的社會化時期中，僅與特定的人或動物進行接觸的貓，在完全沒看過的陌生人或動物靠近的時候，就會感覺到害怕，然後在害怕的程度達到極點的時候，就會轉而做出攻擊的動作。當貓從害怕的情緒轉變爲攻擊動作的期間，並不會發出威嚇聲或做出拍打的動作，反而是非常冷靜、一動也不動地等待著。

最近由於單獨生活的人，以及頂客族等選擇在室內養貓的機率增加，使得社會化程度不夠的貓，數量也跟著增加。所以從幼貓時期開始，就要儘可能地安排與更多的人接觸的機會。

遊戲中的攻擊

對策 如果有壓力蓄積就會變得具攻擊性

有些貓在與飼主，或者是平時一起生活的貓同伴們玩耍的時候，在玩得非常愉快、氣氛正熱絡之時，卻會突然撲向飼主或其他的貓。大部分的貓對於遊戲時間的延長，都會非常的享受並且樂在其中，然後有時也會發展成激烈地攻擊飼主或是其他貓隻的情況。

對於極容易從遊戲中轉化爲攻擊行爲的貓，在心理上明明非常想玩，但卻無法盡情玩耍的話，極有可能是由於有壓力蓄積的緣故。身爲飼主，請不要立刻大發脾氣，應該要思考貓爲什麼會出現攻擊的行爲。亦請費心整理貓遊戲的環境，並多增加心靈交流的機會。

為爭奪地盤而產生的攻擊

對策 公貓的地盤意識特別鮮明

貓是屬於必須要擁有自己單獨空間的動物。當家裡有新的貓成員出現時，就會產生威嚇或攻擊的行爲，意欲把對方趕出領域之外，特別是公貓的地盤意識極爲鮮明，所以如果同時飼養著母貓的時候，飼主就會特別辛苦。此外，如果從小貓時期就開始飼養在室內，從未與其他的貓接觸過的話，當有新加入的貓出現時，就會顯示出高度的警戒心。此時請飼主分別在不同的場所準備便盆以及食物，以營造出各自的居住環境。在寵愛新成員的同時，也別忘了對之前飼養的貓投以關愛與照顧。

懷孕、生產時的攻擊

對策 為了保護小貓拼命進行攻擊

即使平常個性非常溫馴的母貓，在懷孕以及育兒的過程中，爲了保護小貓，也會出現過度緊張的反應。所以在飼主或其他的貓靠近的時候，就會露出敵對的反應並且做出攻擊的動作，而且特別會對公貓顯示出警戒心，這是因爲公貓有殺死自己血脈以外小貓的習性。根據推測，這種本能應該是出於不願意見到其他公貓的遺傳因子遺留下來，只希望保留自己的遺傳因子的緣故。

對於正在懷孕以及育兒的母貓，請準備一個隔絕其他的貓出入、能夠安心生活的環境。即使在生產或是育兒期間有需要幫忙的時候，也請受到母貓信賴的家人代勞。

亂發脾氣

對策 攻擊性升高演變為轉嫁行為

貓在無法攻擊到原來希望攻擊的對象時，就會轉而遷怒其他的東西，並且加以攻擊。舉個例子來說，飼養在室內的貓看到窗外飛翔的小鳥時，攻擊性就會升高，然而卻轉而對毫無關係的飼主做出抓或咬的動作。

貓一旦興奮起來，就很難加以壓抑，這似乎是天生的本質，這也就是它爲什麼會出現轉嫁行爲（遷怒）的緣故。

爲了將貓的興奮情緒壓抑下來，最好的方法就是讓貓遠離會出現攻擊性的對象。此外，給予貓最喜歡的東西，以轉移貓的心情，這也是極具效果的方法。然而在出現過度興奮且難以抑制情況的時候，就請帶往獸醫院接受診療。

藏東西

對策 目前尚無法了解貓藏東西的理由

能夠自由進出家裡與室外的貓，會去捕捉老鼠或是小鳥等小動物，然後特地帶往飼主所在的地方。貓之所以會捕捉小動物，是出於本能，可說是件非常自然的事情，然而爲什麼會帶去給飼主看，就是個謎了。無論如何，請飼主不要因此而加以責罵。

另一方面，有些貓也會將小型玩具、塑膠碎片，或是小動物等東西，藏在飼主看不到的地方。所以應該會有人在大掃除的時候，因爲在某個場所看到小鳥以及蟲的屍體，而受到不小的驚嚇吧！貓爲什麼會出現這樣的行爲，目前也還是個謎。究竟是精神上的問題呢？還是本能趨使做出的行爲，仍然無法得到答案。

有幫助的資訊

公立單位——收容認養資訊

動物保護資訊網

http://animal.coa.gov.tw/index.htm

私人團體

關懷生命協會

02-87800838
http://www.lca.org.tw/index.asp

中華民國保護動物協會

02-27040809
http://www.apaofroc.org.tw/

寶島動物園——台中市世界聯合保護動物協會

04-23724943 / 04-43725443
http://www.lovedog.org.tw/

台北縣弱勢生命照顧協會

02-26186580

桃園縣流浪動物之家協會

03-4926197

桃園縣動物保育協會

http://home.kimo.com.tw/careourpet/

桃園縣弱勢動物保育協會

03-3398200

新竹市保護動物協會

03-5315437
http://www.sawh.org.tw/

新竹市紅項圈流浪動物協會

03-5641311
http://www.red-collar.org.tw/

中華民國文殊救生保育協會

04-23769533 / 04-23715038
http://home.kimo.com.tw/wusudog/

宜蘭縣流浪狗關懷協會

03-9898504

台南市流浪動物關懷協會

http://www.savedog.org.tw/

台南縣關懷流浪動物協會

06-5850838 / 06-5832399
http://www.carefordog.net/

高雄市關懷流浪動物協會

07-3222552
http://home.kimo.com.tw/caredog51/

高雄縣流浪動物保育協會

07-7151775
http://home.pchome.com.tw/world/jonny01x/

花蓮縣動物權益促進會

03-8570581 / 03-8567262

花蓮縣保護動物協會

03-8512875
http://hledu.nhltc.edu.tw/~hapa/

澎湖縣保護動物協會

06-9262311 / 06-9275811

財團法人流浪動物之家基金會

02-29452953
http://www.hsapf.org.tw/

中國棄犬防虐協會

02-22510735 / 02-23880659

中華民國世界聯合保護動物協會

02-23650923
http://www.upaa.org.tw/

中華民國動物福利環保協進會

02-27941185
http://www.dog99.org/

寵物墓園

康寧寵物安樂園

02-26641826
台北縣深坑鄉北深路三段 95 巷 51 號

北新莊寵物安樂園

02-26371449
台北縣三芝鄉興華村車埕路 16-6 號

慈愛寵物樂園

02-86719237
台北縣三峽鎮介壽路三段 172 巷 30 號

華富山專業納骨塔

02-26104000
台北縣八里鄉埤頭村華富山 8-2 號

台富動物焚化處理服務中心

04-22119779
台中縣霧峰鄉復興路二段 9 號

正忠寵物處理中心

04-26656093
彰化縣福興鄉龍舟路 34 號

寶貝寵物店特約樂園

06-2605254 / 06-2145885
台南市東區崇明路 38 號

大坑古厝白馬神廟

06-5901899
台南縣新化鎮大坑尾 246-2 號

康寧犬貓樂園

07-5835374
高雄市左營區左營大路 437 號

乙華山莊寵物樂園

07-3838200
高雄市澄清路 429 巷 4 號

索引

ㄅ

ㄆ

ㄇ

ㄈ

ㄉ

ㄊ

ㄋ

ㄌ

ㄑ

ㄒ

ㄓ

ㄔ

ㄕ

ㄖ

ㄗ

ㄘ

ㄧ

ㄨ

ㄩ

ㄦ

國家圖書館出版品預行編目資料

圖解貓咪健康與疾病 / 武內尤加莉監修；張慧華譯.
-- 初版. -- 臺北縣新店市：世茂,
2004 [民 93]　面；　公分. --（寵物館；A1）

ISBN 957-776-577-7（平裝）

1. 貓 - 疾病與防治　2. 貓 - 飼養

437.67　　92022405

寵物館 A1

圖解貓咪健康與疾病

監　　修：武內尤加莉
審　　訂：朱建光
譯　　者：張慧華
主　　編：羅煥耿
責任編輯：王佩賢
編　　輯：陳弘毅、李欣芳
美術編輯：林逸敏

發 行 人：簡玉芬
出 版 者：世茂出版有限公司
登 記 證：局版臺省業字第 564 號
地　　址：（231）新北市新店區民生路 19 號 5 樓
電　　話：(02)22183277
傳　　真：(02)22183239（訂書專線）
(02)22187539

劃撥帳號：19911841
戶　　名：世茂出版有限公司　單次郵購總金額未滿 200 元（含），請加 30 元掛號費
酷 書 網：www.coolbooks.com.tw
電腦排版：龍虎電腦排版公司
印 刷 廠：長紅印製企業有限公司
初版一刷：2004 年 1 月
十刷：2013 年 3 月

SHIGUSA DE WAKARU NEKO NO KENKOU TO BYOUKI

定　　價：200 元

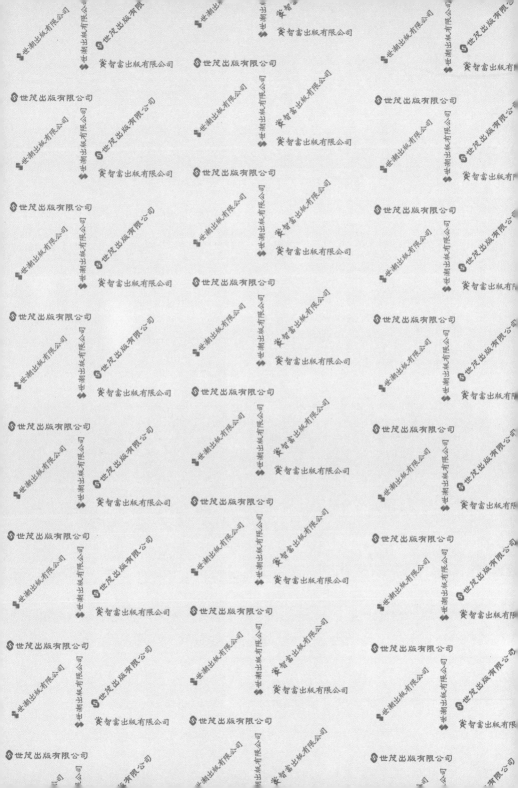